Hygienische Winke
für
Wohnungsuchende.

Von

Dr. Erwin von Esmarch,
Professor an der Universität Königsberg i. Pr.

Sperr' Augen, Ohren und Nase auf,
Bei Wohnungsuche und Häuserkauf.

Springer-Verlag Berlin Heidelberg GmbH 1897

ISBN 978-3-662-38983-6   ISBN 978-3-662-39950-7 (eBook)
DOI 10.1007/978-3-662-39950-7

Einleitung.

Die Gründe, welche eine Familie zum Wechsel ihrer Wohnung veranlassen, können sehr verschiedene sein, Veränderungen der Vermögenslage, Zuwachs und Verminderung des Familienbestandes, Pensionirungen und Versetzungen werden in einer großen Reihe von Fällen dazu das einzige oder Hauptmotiv abgeben. Aber ich glaube nicht fehlzugehen, wenn ich annehme, daß in noch weit zahlreicheren Fällen es lediglich oder doch hauptsächlich die Unzufriedenheit über die alte Wohnung ist, welche den Miether zum Verlassen derselben treibt. Es wäre sonst nicht zu verstehen, warum an den bei uns gebräuchlichen Ziehterminen besonders in unsern großen Städten die Umzüge einen so riesenhaften Umfang anzunehmen pflegen. Ein jeder Großstädter weiß aus eigener Erfahrung, daß an diesen Tagen der vollbepackte Möbelwagen vollkommen das Straßenbild beherrscht und wem dieses nicht bekannt, der möge aus der einfachen Zahlenangabe, daß in Berlin im Jahre 1890 über 850000 Umzüge stattgefunden haben, entnehmen, wie thatsächlich die Verhältnisse in dieser Beziehung liegen.

Wenn nun auch heutzutage der alte Spruch, daß dreimal Umziehen etwa ebenso schlimm sei, wie einmal Abbrennen, nicht mehr ganz seine Richtigkeit haben mag, so wird es doch wohl schwerlich jemanden geben, der einen Umzug für eine Annehmlichkeit halten wird, und da eine Zwangslage aus den oben zuerst angeführten Gründen doch kaum diesen Umfang der Umzüge würde erklären können, so wird man wohl annehmen dürfen, daß thatsächlich meist die Unzufriedenheit mit der alten

Wohnung und die Hoffnung, eine neue bessere zu finden, den Miether veranlaßt, die Unbequemlichkeiten und Kosten eines Umzuges auf sich zu nehmen.

Leider erweist sich nur zu oft diese Hoffnung nach geschehenem Wohnungswechsel als eine falsche, an Stelle der früheren Mängel zeigen sich andere, die zuweilen noch schlimmer sein können, wie die der alten Wohnung und die dann wieder dazu führen, recht bald nach einer anderen Wohnung Umschau zu halten.

Die Gründe für diese Thatsachen sind zweifellos in verschiedener Richtung zu suchen, einmal und vor allem darin, daß es leider überall und namentlich wieder in den großen Städten nur wenige Wohnungen giebt, die ganz den hygienischen Anforderungen entsprechen, welche zum gesunden und behaglichen Wohnen eben nothwendig sind. Die Schwierigkeit für den Wohnungssuchenden liegt nun darin, diese letzteren Wohnungen in der kurzen Spanne Zeit, welche einem in der Regel nur beim Besichtigen derselben zur Verfügung steht, herauszufinden. Und doch ist das vielfach leichter, als man vielleicht von vorneherein anzunehmen geneigt ist. Der Ausspruch, den man so häufig von einem unzufriedenen Miether zu hören bekommt: „ja, wenn ich das oder jenes vorher gewußt hätte, wäre ich nie in die Wohnung eingezogen", wird sich garnicht selten richtiger ausdrücken lassen durch die Worte: „wenn ich nur daran vorher gedacht oder mich darnach vorher erkundigt hätte". Und dann beweist es doch, daß die Schuld auch am Miether selbst liegt, der eben leichtsinnig seine Wahl getroffen hat. Manches allerdings auch von dem, was zu den hygienischen Anforderungen einer Wohnung gehört, wird beim Miethen derselben übersehen, weil der Wohnungssuchende von vorneherein zu wenig hygienisch vorgebildet ist, um darauf überhaupt zu achten.

Wenn alle unsere Gymnasiasten und Realschüler in den einfachsten hygienischen Dingen so gut Bescheid wüßten, wie im Griechischen und Lateinischen, würde ihnen vielleicht manche bittere Erfahrung erspart bleiben, die sie später an sich selbst oder ihrer Familie erleben müssen, um sich so allmählich und meist recht theuer bezahlt, eine nothdürftige Kenntniß dessen anzueignen, was eigentlich jeder erwachsene Mensch heutzutage von vorneherein wissen sollte. Aber das sind Zustände, die weder zu leugnen noch so bald zu ändern sind, und aus diesen Gründen sowie aus den früher angeführten, hat Verfasser geglaubt, daß Vielen ein kleiner hygienischer Rathgeber für die Wohnungssuche angenehm sein werde. Es wird nun zwar, wie gesagt, kaum eine Miethswohnung geben, in welcher Alles so vorhanden ist, wie es in dem Büchelchen als wünschenswerth hingestellt ist, aber Verfasser hofft doch, daß es dem Miethenden an der Hand der Rathschläge leichter gemacht werden wird, gröbere hygienische Mißstände einer Wohnung zu entdecken und solche Wohnungen von der engeren Wahl direkt auszuschließen.

Verfasser hofft aber auch noch auf einen weiteren Erfolg. Es ist bekannt, daß sich das Angebot meist nach der Nachfrage richtet und das pflegt auch in Betreff der Wohnungen der Fall zu sein. Nur so ist es beispielsweise wohl zu erklären, daß jetzt in den meisten größeren Miethswohnungen eigene Badezimmer vorhanden sind, die man vor einigen Jahrzehnten noch sicher nicht gefunden hätte. Was nach dieser Richtung hin möglich war, sollte doch auch in Bezug auf Heizung, Ventilation und Aehnliches zu erreichen sein, wenn nur der Miether darnach fragt und dem Hausbesitzer so fortgesetzt die Nothwendigkeit der Verbesserung in's Gedächtniß zurückruft.

Sollte auch in dieser Beziehung das Büchelchen einige Früchte tragen, so wäre sein Zweck vollauf erfüllt.

Inhalt.

	Seite
Stadtgegend	1

Beschäftigung des Mannes. Entfernung des Bureaus, Kaserne, Schule, Kinderspielplatz u.s.w. Gesundheitliche Verhältnisse derselben S. 1.

Umgebung der Wohnung 2

Erreichbarkeit des Arztes und der Apotheke S. 2 — Nachbarschaft eines Kirchhofes, Krankenhauses, Sarggeschäftes S. 3 — von rauchender Fabrik und Centralheizungsschornsteinen S. 3 — von frischen Bauplätzen S. 3 — von das Gehör oder den Geruch belästigenden Gewerbebetrieben S. 3 — von Pferdeställen S. 4 — Straßenlärm S. 4 — Neben-, Ueber- und Unterwohner S. 5 — Gegenüberwohner S. 7.

Himmelsrichtung 8

Sonnenseite, Süd-, Ost-, Westlage S. 8 — Vor den Fenstern befindliche Häuser und Bäume S. 9 — Wetterseite S. 10 — Richtung der Straße zur vorherrschenden Windrichtung S. 11.

Beziehen von Neubauten 11

Vortheile derselben S. 11 — Feuchtigkeit, Trockenwohner S. 12 — Kennzeichen einer feuchten Wohnung S. 13 — Länge der Trockenfrist S. 14 — Empfehlenswerthe Jahreszeit zum Einziehen S. 14 — Schwinden der Fußböden und der Fensterrahmen S. 16 — Auftreten von Hausschwamm S. 17.

Beziehen alter Wohnungen 18

Feuchtigkeit S. 18 — Schmutz S. 19 — Ungeziefer S. 20 — Ansteckende Krankheiten der Vorwohner S. 21.

Größe der Wohnung 23

Getrennte Schlaf- und Wohnzimmer S. 23 — Größe der Schlafzimmer S. 23 — Gute Stube S. 24 — Isolirzimmer S. 24 — Grundplan der Wohnung S. 25 — Anfertigen eines solchen S. 25.

Inhalt. VII

Einzelne Theile der Wohnung.

Seite

Fenster 26
Helligkeitsprüfung S. 26 — Mittel, die Wohnung heller zu machen S. 27 — Doppelfenster S. 28 — Jalousien S. 28 — Dichtigkeit gegen Zug S. 28.

Thüren 29
Konstruktion derselben S. 29 — Dichter Verschluß S. 29 — Glasscheiben in den Thüren S. 30.

Wände 31
Wandbekleidung, Kalkanstrich, Leimfarbe S. 31 — Oelfarbe, Tapete, Farbe und Muster derselben S. 31 — Holzspahntapete, Holzwände S. 33.

Fußboden 33
Dichtigkeit, Holz, Linoleum, Stein S. 33.

Heizung 34
Erwärmung geschützter und ungeschützter Räume S. 34 — Kachelöfen, nöthige Größe, sonstige Erfordernisse des Ofens S. 35 — Eiserne Oefen, Größe derselben, Heizung mehrerer Zimmer durch einen Ofen S. 37 — Sonstige Erfordernisse des eisernen Ofens, Mantel, Regulirungsthüren S. 39 — Dauerbrandöfen, Trockenheit der Zimmerluft, Schornsteinzug S. 40 — Heizbarkeit der Oefen vom Korridor aus S. 41 — Brennmaterial, Aufbewahrungsraum S. 42 — Centralheizung, verschiedene Systeme, Forderungen des Miethers bei Centralheizungen S. 42.

Ventilation 43
Lüftungsscheiben S. 43.

Beleuchtung 44
Korridor- und Treppenbeleuchtung S. 44 — Prüfung von Gasleitungen S. 44 — Aufhängen von Kronen und Lampen S. 45.

Trinkwasser 45
Leitungswasser, Filter, Wasserkochapparate S. 45 — Brunnen, Prüfung derselben S. 47.

Einzelne Räume der Wohnung.

Wohnzimmer 48
Zugängigkeit und ruhige Lage S. 48.

Speisezimmer 48
Lage und natürliche Beleuchtung S. 48.

Inhalt.

	Seite
Schlafzimmer	49

Lage, Größe, Wandbekleidung S. 49.

Kinderzimmer 49
Lage, Isolirbarkeit, Wandbekleidung, Schutzvorrichtungen an den Fenstern S. 49.

Fremdenzimmer 50
Verwerthung desselben als Krankenzimmer S. 50.

Dienstbotenzimmer 50
Größe, Lage S. 50.

Küche 52
Ventilation, Verbesserung derselben S. 52 — Ausguß, Wasserverschluß, Verbleib der Abwässer S. 53 — Herd, Gaskochmaschine S. 54.

Speisekammer 54
Lage, Eisschrank S. 54.

Badestube 55
Erreichbarkeit, Beleuchtung, Ventilation, Hausschwamm S. 55 — Badewanne, Badeofen, Rauchrohr desselben S. 55.

Kloset 56
Ungenirte Erreichbarkeit, Helligkeit, Ventilation S. 56.

Korridor 57
Helligkeit, Größe, Heizbarkeit S. 57.

Balkon 58
Lage, Größe S. 59.

Keller und Boden 59
Trockenheit S. 59.

Waschküche 60
Lage, Ventilation S. 60.

Treppe 61
Vor- und Hintertreppe, bequeme Konstruktion, Podeste S. 61 — Stufenhöhe und -Breite, Geländer, Helligkeit S. 62.

Verschiedenes 63
Hausordnung, Entfernung der Abfallstoffe, Benutzung der Waschküche und des Trockenbodens, Wasserversorgung, Hausiren, Musiciren, Betteln, Klopfen der Möbel und Kleider S. 63.

Stadtgegend.

Wenn ein Wohnungssuchender bereits längere Zeit in derselben Stadt wohnt, werden ihm meistens die Eigenthümlichkeiten der einzelnen Stadttheile, von denen namentlich in etwas größeren Städten ein jeder seine besonderen aufzuweisen hat, genügend bekannt sein, sodaß er ohne weiteres sich darüber klar sein wird, in welcher Stadtgegend er eine Wohnung zu suchen hat, oder vielmehr welche Stadttheile er bei dem Suchen nach einer Wohnung unberücksichtigt lassen kann oder muß.

Ein Ortsfremder dagegen wird gut thun, falls er nicht einen zuverlässigen Berather in einem Ortseingesessenen hat oder findet, sich vor dem Suchen nach einer Wohnung möglichst nach dieser Richtung hin zu orientiren. Er wird sich dadurch häufig viel Aerger und Zeit, ja vielfach auch schlimmere Erfahrungen zu machen, ersparen.

Maßgebend für die Auswahl des Stadttheils wird in einer großen Reihe von Fällen die Beschäftigung des Mannes sein. Die Entfernung des Bureaus, der Kaserne, des Geschäftes ist in den meisten Fällen nicht gleichgiltig, doch kommt dabei in Betracht, daß oft, namentlich für Personen mit sitzender Lebensweise, ein durch die Lage der Wohnung auferlegter täglicher Zwangsspaziergang auch seine Vortheile hat, sowie daß auch größere Entfernungen dank günstig gelegener Verkehrsstraßen, Pferdebahnen, wesentlich abgekürzt werden können. Sind Kinder im Hause, wird die mehr oder weniger entfernte Lage der Schule eine nicht unbedeutende Rolle spielen, und wenn die Kinder klein sind, wird, wenn kein Garten vorhanden ist, womöglich auf die Nachbarschaft und Erreichbarkeit eines auch kleinen Kindern zugänglichen freien Spielplatzes Rücksicht genommen werden müssen.

Alle diese Vorfragen sind meist leicht an der Hand eines Stadtplanes zu erledigen, dessen Anschaffung und genaue Durchsicht möglichst bald nach dem Eintreffen am Ort sich schon aus diesem Grunde wohl empfiehlt.

Schwerer ist es, sich über die nicht weniger wichtige Frage zu orientiren, ob ein Stadttheil als ein durchaus gesunder zu bezeichnen ist. Es ist zwar grade in dieser Beziehung in den meisten unserer namentlich größeren Städte in den letzten Jahrzehnten durch sanitäre Maßregeln wesentlich besser geworden, dennoch wird es auch heute noch zahlreiche Städte geben, in welchen einzelne Stadttheile in dem leider wohlbegründeten Ruf stehen, daß die Diphtherie, der Unterleibstyphus oder das Wechselfieber darin nicht aussterben. Es läßt sich nun selbstverständlich einer Straße von außen nicht ansehen, ob sie nach dieser Richtung verdächtig erscheint, nur das Wechselfieber oder die Malaria pflegt ihren Sitz eigentlich ausschließlich in tiefgelegenen Stadttheilen oder in Häusern zu haben, welche an stagnirenden Teichen, schlecht gereinigten, übelriechenden Flüssen oder sonstigen faulenden Sümpfen oder Mooren gelegen sind. Diese Lage ist daher selbstverständlich zu vermeiden. Ueber die anderen Punkte wird häufig ein länger im Orte eingesessener Arzt genügende Auskunft geben. Einzelne unserer größeren Städte führen auch eine nach Stadtbezirken geordnete genügend lange fortgeführte Krankheits- und Sterbestatistik, die beim Magistrat oder der Polizei einzusehen ist und selbstverständlich dann die sicherste Antwort ertheilt.

Umgebung der Wohnung.

Hat man eine Wohnung zu miethen in's Auge gefaßt, so wird außer dieser selbst auch noch die Umgebung derselben nach mehrfacher Richtung hin geprüft werden müssen.

Zunächst wird es für Manche angenehm oder wichtig sein, wenn Arzt und Apotheke nicht zu weit von der Wohnung entfernt liegen, was mit Hilfe eines Adreßbuches und eventuell des Stadtplanes im einzelnen Fall leicht zu ermitteln sein wird. Von anderen, namentlich nervös angelegten Naturen wird die Nachbarschaft eines Kirchhofes, eines Krankenhauses oder eines Sarggeschäftes nicht selten sehr unangenehm empfunden werden, solche Personen sollten sich auch vorher überzeugen, daß ihre Straße nicht die Hauptverkehrsader zu einem Kirchhof bildet, da ihnen sonst unter Umständen ihre Wohnung sehr bald verleidet werden kann.

Rauchende Schornsteine, besonders von Fabriken, aber auch von Centralheizungen beispielsweise, sind stets sehr unangenehme Nachbarn, sie machen sich selbst bei geschlossenen Fenstern bemerkbar, da die feinen Rußtheilchen durch die Fensterspalten meist ungehindert durchdringen, und ein Lüften der Wohnung wird häufig vollkommen unmöglich gemacht, wenn der Wind gerade in der Richtung vom Schornstein auf das Haus zu weht. Leider ist es meist nicht möglich, durch Anzeige bei der Polizei eine Besserung des bestehenden Zustandes zu erreichen, da unsere Gesetze in dieser Beziehung noch wesentliche Lücken zeigen. Es ist daher nöthig, sich vor dem Miethen zu überzeugen, ob Rauch- oder Rußgefahr nicht zu befürchten ist. Auch hier kann das Adreßbuch und der Stadtplan gute Dienste leisten, besser häufig allerdings ein Abpatrouilliren der nächsten Umgebung des Hauses, namentlich am frühen Morgen, wenn das Anheizen der Feuerungen erfolgt.

Fast nicht weniger unangenehm als Rauch und Ruß ist der Staub, welcher beim Abreißen alter Häuser und beim Errichten von Neubauten entwickelt zu werden pflegt. Sind daher baufällige Häuser oder bebauungsfähige freie Plätze in der Nachbarschaft der Wohnung vorhanden und ist in der Stadtgegend viel von Bauthätigkeit zu bemerken, so wird man sich auch nach dem Miethen der Wohnung mit einiger Wahrscheinlichkeit auf eine zwar vorübergehende, aber doch wenig angenehme Periode gefaßt machen müssen, in welcher neben der Staubentwickelung auch der mit dem Bau unvermeidlich verbundene Lärm, sowie die durch die anfahrenden Mauersteinwagen oder eventuell, was weit läſtiger iſt, durch das Einrammen von Pfahlroſten entſtehende Erſchütterung der Hausmauern mit in den Kauf genommen werden muß. Auch hierauf iſt alſo bei einem Rundgang durch die benachbarten Straßen womöglich zu achten.

Daß manche Gewerbe und Kaufgeſchäfte in wenig liebſamer Weiſe auch über die nächſte Umgebung hinaus ihre Gegenwart dem Geruch und Gehör zu verrathen pflegen, ſollte eigentlich genugſam bekannt ſein, kommt manchem aber erſt dann recht zum Bewußtſein, wenn ihn ſeine neu bezogene Wohnung dauernd zu einer ſolchen Nachbarſchaft verurtheilt. So ſind Vielen Käſe- und Fleiſcherläden, auch Kolonialwaarenläden, in denen Kaffee geröſtet wird, ſehr ſtörend, das Gehör greifen vor allen Dingen Maſchinenbetriebe an, wie Schloſſereien, Tiſchlereien, Schmiedewerkſtätten, dann die zahlreichen Kleingewerbe, welche Gas- oder ähnliche Motoren nöthig haben, deren Geräuſch namentlich, wenn ſie in demſelben Hauſe aufgeſtellt ſind, oft durch alle Stockwerke hindurch deutlich vernommen zu werden pflegt. Es wird alſo eine diesbezügliche Frage an den Vermiether wohl häufig am Plaße ſein. Pferdeſtälle ſtören nicht allein durch das Geräuſch, welches namentlich Nachts die Pferde durch Reißen an den Ketten ſowie früh Morgens die Burſchen beim Putzen der Pferde auf dem Hofe verurſachen, ſondern ſie ſind im Sommer auch das Quartier unzähliger Fliegen, welche dann auch die angrenzenden Wohnungen oft in größerer Zahl heimzuſuchen pflegen und beſonders in den nach dem Hof zu gelegenen Speiſekammern nicht auszurotten ſind.

Das Geräuſch der Straße iſt eine läſtige Zugabe zu einer Wohnung, welche aber in einer Großſtadt kaum je ganz vermieden werden kann. Es ſcheint auch, als wenn bei den meiſten Leuten eine gewiſſe Gewöhnung an daſſelbe, wenigſtens an das gewöhnliche Rollen der Fuhrwerke und das eigenthümliche, kaum näher zu definirende Toſen, welches man auch wohl als das Branden des Verkehrs zu bezeichnen pflegt, ſtattfindet. Nichtsdeſtoweniger werden nervös beanlagte Perſonen oder ſolche, welche viel geiſtig arbeiten müſſen, häufig auf das empfindlichſte von dem Straßenlärm betroffen, das gilt vor Allem von dem Vorbeifahren schwerer Lastwagen, Omnibusse und Pferdebahnen. Letztere werden besonders lästig an Straßenkreuzungen, da sie dort regelmäßig zu klingeln pflegen. Sehr störend empfunden werden auch elektrische Bahnen mit oberirdischer Stromzuführung in jenen Häusern, deren Wände zum Festhalten des zuführen= den Leitungsnetzes benutzt werden. Trotz der dort meist ein= geschalteten Isolatoren ist es doch nicht möglich, nach meiner Erfahrung wenigstens, das rasselnde Geräusch in den Leitungen beim Vorbeifahren eines Motors vollständig zu beseitigen.

Zu alledem kommt noch hinzu, daß abgesehen von dem Geräusch in verkehrsreichen Straßen auch wegen des reichlich entwickelten Staubes sehr häufig ein Lüften der Wohnungen durch Oeffnen der Fenster kaum möglich erscheint; Alles zu= sammengenommen jedenfalls Grund genug, um den einsichts= vollen Miether, wenn es irgend angängig ist, abzuhalten, in so belebten Straßen sich eine Wohnung zu suchen.

Alles das, was bisher von der störenden Nachbarschaft einer Wohnung gesagt wurde, gilt in erhöhtem Grade, wenn es von dem direkten Neben=, Ueber= oder Unterwohner ausgeht. Hier gilt thatsächlich oft das Sprichwort: „Es kann der Beste nicht in Frieden leben, wenn es dem bösen Nachbar nicht ge= fällt." Und er braucht nicht einmal gar so böse zu sein. Ebenso häufig liegt vielleicht die Schuld an dem Erbauer des Hauses. Es ist kaum glaublich, wie wenig noch die bescheidensten Forderungen der Hygieniker grade in Bezug auf den innerlichen Ausbau der Wohnhäuser von Seiten der Bauunternehmer und leider vielfach auch der Architekten Beachtung finden. Selbst in den luxuriös ausgestatteten Wohnungen, die in Bezug auf inneren Komfort anscheinend garnichts zu wünschen übrig lassen, sind gar nicht selten die Wände und Zwischendecken so wenig rationell und solide konstruirt, daß ein laut gesprochenes Wort des Nachbars nicht nur gehört, sondern auch deutlich verstanden wird. Was unter solchen Umständen für den Miether ein be= nachbarter Klavier= oder Musiktiger, eine überwohnende Kinder= schaar oder auch nur eine fleißig benutzte Nähmaschine zu be=

deuten hat, braucht nicht weiter ausgeführt zu werden. Das Uebel ist auch leider so weit verbreitet, daß die Meisten, welche schon mehrfach Wohnungen gewechselt haben, dasselbe aus eigener Anschauung genugsam kennen und fürchten gelernt haben.

Leider läßt es sich natürlich einer Wohnung nicht ohne Weiteres ansehen, was in dieser Beziehung von ihr oder ihrer nächsten Nachbarschaft zu erwarten steht, doch sollte eine diesbezügliche Frage an den Vermiether oder Hauswirth niemals unterbleiben und beim Besichtigen der Wohnung grade in dieser Richtung das Ohr ordentlich aufgemacht werden.

Zu erwähnen ist noch, daß auch Gerüche von einer Wohnung in die andere gelangen können und zwar nicht allein auf dem Umweg durch das Fenster oder die Thür über den Hof oder Korridor, sondern direkt von einem Geschoß in das andere durch die Zwischendecken hindurch. Namentlich tritt dieses im Winter ein, wenn die Wohnungen geheizt werden. Es stellt sich dann durch das ganze Haus hindurch ein aufsteigender Luftstrom ein, da die erwärmte und dadurch leichter gewordene Zimmerluft das Bestreben zeigt, nach oben durch die Spalten und Poren der Zimmer zu entweichen. So kommt es denn garnicht selten vor, daß in den oberen Stockwerken die verbrauchte Luft der unteren Etagen von den Bewohnern dauernd eingeathmet wird. Das kommt den Bewohnern allerdings meistens nicht zum Bewußtsein, da die Luft in der Regel nicht so schlecht wird, um von unserer Nase als solche direkt bemerkt zu werden; ist aber einmal in der unteren Wohnung eine besondere Luftverschlechterung vorgekommen, eine Leuchtgasausströmung oder eine Rauchentwickelung, so wird das garnicht selten auch in der darüberliegenden Etage gemerkt, und mir ist ein Fall bekannt, wo eine fahrlässige Leuchtgasausströmung auf diesem Wege entdeckt wurde. Leider gilt auch hier, was schon eben von den Geräuschen gesagt worden ist; man kann es selten einer Wohnung ansehen, ob sie in dieser Richtung besondere Fehler zeigt. Eine Besserung muß einer späteren hoffentlich nicht zu fernen Zeit vorbehalten bleiben, wo durch gesetzliche Bestimmungen, Ueberwachung der Neubauten oder auch vielleicht

Umgebung der Wohnung.

durch das miethende Publikum selbst ein Zwang auf die Baumeister unserer Wohnhäuser ausgeübt werden wird, auch den noch in anderer Beziehung stark vernachläffigten Zwischendecken mehr Beachtung zu schenken. Nur einen Wink möchte ich doch nicht zu geben unterlassen. Wohnungen, die direkt über Restaurationen, in denen viel geraucht wird, oder über Kellern liegen, zeigen üble Gerüche, welche von unten kommen, ganz besonders häufig; nur wenn die Zwischendecken gemauert oder sonstwie massiv konstruirt sind, ist diese Gefahr wohl nahezu ausgeschlossen. Es lohnt sich also jedenfalls der Mühe, einmal vor dem Miethen in den Keller oder das Restaurant zu gehen. Ein Blick an die Decke dort wird dann wenigstens häufig erkennen lassen, wie weit man der Durchlässigkeit derselben trauen darf.

Viel weniger störend als der Neben-, Ueber- oder Unterwohner pflegt der Gegenüberwohner in der Regel zu sein, ist man doch wenigstens durch Straßenbreite von ihm getrennt. Indeß thut man meistens auch gut, vor dem Miethen einer Wohnung durch einen Blick aus den Fenstern derselben sich über sein späteres vis-à-vis zu orientiren. Ist überhaupt keins da, oder besteht es nur aus Bäumen, wird man das stets als einen besonderen Vorzug der Wohnung bezeichnen dürfen. Ein jeder, der einmal eine solche Wohnung innegehabt hat, wird mir das, auch wenn er für gewöhnlich nicht viel Zeit hat aus dem Fenster zu sehen, rückhaltslos zugeben. Daß Sarggeschäfte, Krankenhäuser und dergleichen für zartbesaitete Personen zu einer Quelle häufigen Unbehagens werden können, wenn sie denselben direkt vor der Nase liegen, ist schon vorhin erwähnt worden, aber auch vis-à-vis mit neugierigen oder ungenirten Bewohnern, so z. B. letztere nicht selten in Hotels und Kasernen, werden Manchem Aerger machen können. Gegen Neugier schützen ja allerdings ziemlich die vielbeliebten Stores, die aber vom Hygieniker stets nur mit getheiltem Gefühl betrachtet werden müssen, da sie namentlich in engeren Straßen, wo sie sich ja grade besonders nöthig erweisen, sehr viel Licht wegzunehmen pflegen.

Himmelsrichtung.

Ein italienisches Sprichwort sagt: „Wo die Sonne nicht hinkommt, kommt der Arzt hin"; und das hat zweifellos seine besondere Richtigkeit in Bezug auf unsere Wohnungen. Ein jeder von uns empfindet ohne Weiteres besonders in der kühlen Jahreszeit die wohlthätige Einwirkung der Sonne, aber doch machen sich die Wenigsten beim Miethen einer Wohnung klar, wie viel die Behaglichkeit und Gesundheit eines Raumes von der Besonnung desselben abhängig zu sein pflegt. Es würde hier zu weit führen, alle die Vortheile aufzuzählen, welche eine der Sonne zugängliche Wohnung in Bezug auf Trockenheit, gute Luftbeschaffenheit und auch direkt auf das Wohlbefinden der Bewohner hat, ich möchte mich damit begnügen zu behaupten, daß, wenn irgend möglich, wenigstens im nördlichen Theil unseres Vaterlandes reine Nordwohnungen zu vermeiden sind. Ich wenigstens würde lieber manchen anderen Nachtheil einer Wohnung mit in den Kauf nehmen, ehe ich mich entschließen würde, eine Wohnung in reiner Nordlage zu miethen. Ganz besonders wichtig aber wird es sein, auf die Himmelsrichtung der Wohnung zu achten, wenn darin schwächliche und kranke Personen oder zarte Kinder untergebracht werden sollen. Hierfür sollten nur sonnige und zwar möglichst sonnige Wohnungen ausgesucht werden. Endlich darf auch nicht vergessen werden, daß Nordzimmer im Winter ganz beträchtlich mehr Heizmaterial verbrauchen, wie sonnige Zimmer, ein Umstand, der für Viele auch mit ins Gewicht fallen wird. Sonnenseiten giebt es bekanntlich mehrere, aber sie sind nicht alle gleichwerthig. Vielen wird es unbekannt sein, daß in der Regel Südzimmer, trotzdem sie am längsten von der Sonne beschienen werden, im Sommer weniger warm wie Ost- und namentlich Westzimmer zu sein pflegen. Es kommt das hauptsächlich daher, daß im Sommer grade während der heißen Tageszeit die Sonne wegen ihres hohen Standes nicht so tief in die Zimmer eindringen kann und aus demselben Grunde auch die Außenwand nicht

Himmelsrichtung.

so stark erwärmt wird, wie die Ost- und Westwände, auf welche die Sonne in weniger spitzem Winkel auffällt. Südzimmer werden daher in unseren nördlichen Breiten meistens am angenehmsten zu bewohnen sein, dann kommen Ostzimmer und darauf die Westzimmer. Eine Ueberhitzung der letzteren durch die Sonne läßt sich in den meisten Fällen durch eine zweckmäßige Ventilation der Räume, verbunden mit geeigneten Fenstervorhängen oder Jalousien, wohl vermeiden. Zimmer, die nach Südost oder Südwest liegen, werden die Sonnenwirkung natürlich ähnlich bemerken lassen, wie reine Süd-, Ost- oder Westzimmer, der Unterschied pflegt nicht so bedeutend zu sein, als daß darauf beim Miethen zu viel Werth zu legen wäre. Dagegen sind Nordost- oder Nordwestzimmer den reinen Nordzimmern nahezu gleich, da sie nur in einem geringen Theile des Jahres Sonne bekommen, im Winter aber, wo sie am wünschenswerthesten wäre, grade nicht. Selbstverständlich können die Vortheile der Sonnenlage eines Zimmers vollkommen wieder aufgehoben werden, wenn hohe Häuser auf der anderen Seite der Straße liegen. Besonders werden in solchen Fällen die untersten Etagen vor den Nordzimmern wenig voraus haben. Vor den Fenstern stehende Bäume können allerdings, wenn sie sehr dicht davor stehen, das Zimmer sehr dunkel und sogar auch feucht machen, doch sind sie in Bezug auf die Sonne milder wie Häuser zu beurtheilen, weil ihnen ja in der Jahreszeit, in welcher wir die Sonne am meisten brauchen, das Laub fehlt, und also dann trotz der Zweige eine ganze Menge Sonnenstrahlen das Haus erreichen werden. Jedenfalls erscheint es aber dringend nöthig, sich vor dem Miethen klar zu werden, nach welcher Himmelsrichtung die Wohnung liegt. Dies kann beim Besichtigen der Wohnung selbst geschehen, wenn man sich über die Lage der Straße, die Richtung der Hausfront von vorneherein klar ist, oder wenn die Sonne grade scheint; es ist auch ganz praktisch, wenn man zu diesem Zweck einen kleinen Kompaß an der Uhr bei sich trägt, sonst genügt ja auch ein Blick auf den Stadtplan, den man mitnehmen oder nachträglich zu Hause noch einsehen kann.

Uebrigens ist zuweilen auch noch aus einem anderen Grunde als lediglich wegen des Sonnenstandes die Himmelsrichtung, nach welcher eine Hausfront gelegen ist, zu beachten. In unserem Klima spielt namentlich im Winter die sogenannte Wetterseite eine nicht selten für das behagliche Wohnen unterschätzte Rolle. Unter Wetterseite versteht man, wie wohl ziemlich allgemein bekannt, diejenige Himmelsrichtung, aus welcher in der Regel das schlechte Wetter, also Sturm, Regen, Schnee, seinen Anzug zu nehmen pflegt. Die Erfahrung lehrt, daß Wohnungen, welche dieser Seite besonders exponirt sind, im Winter sowie auch namentlich zur Zeit der sogenannten Aequinoktialstürme sehr unbehaglich sein können. Nicht allein, daß es in ihnen oft von den Fenstern her recht empfindlich zieht, es gelingt auch häufig nicht einmal durch das intensivste Heizen, die Räume überhaupt leidlich warm zu bekommen, so daß solche Zimmer thatsächlich zeitweise vollkommen unbewohnbar werden können. Es wird also auch in dieser Beziehung aufgepaßt werden müssen. Hochgelegene Wohnungen sind natürlich solchen Witterungseinflüssen besonders ausgesetzt und weiter kommt es sehr wesentlich auch auf die mehr oder weniger solide Bauart des Hauses an, ob und wie weit Wind, Kälte und Nässe bis ins Innere desselben vordringen können. In einem leicht gebauten Hause spürt man selbst, ohne daß Fenster nach der Windseite hinauszuliegen brauchen, den kalten Zug durch die Wand hindurch sehr oft, während umgekehrt in sehr solide gebauten Häusern, auch wenn zahlreiche Fenster nach der Richtung hin gelegen sind, nichts davon zu merken sein wird. Leider sind letztere Häuser, wenigstens unter unseren modernen Miethskasernen, kaum je zu finden, und so möchte ich Jedem rathen, wenn er in einem isolirt stehenden Hause besonders eine hochgelegene Wohnung miethen will, sich einmal vorher durch einen Blick von außen auf das Haus zu überzeugen, ob dieselbe den Winden und dem Schlagregen nicht allzusehr ausgesetzt ist.

Die Wetterseite ist bei uns in Deutschland meist nach Westen oder Südwesten zu gelegen, doch giebt es auch an vielen Orten Ausnahmen von dieser Regel, besonders in bergiger Gegend, wo oft eine vorliegende Hügelkette Schutz vor den Winden verleiht, oder die Richtung des Thales das Auftreten besonderer Winde verursacht. Dies wird der Einheimische natürlich aus eigener Erfahrung am besten wissen, der zugereiste Fremde dagegen wird gut thun, sich über diese Witterungsverhältnisse bei einem der ersteren, vielleicht am besten einem Arzt zu orientiren.

Auch abgesehen von der Wohnung selbst kann übrigens die am Ort herrschende Windrichtung für den Miether von einiger Bedeutung sein. Liegt die Wohnung an einer Straße, welche in größerer Länge parallel dieser Windrichtung verläuft, oder an einer Straßenecke, welche den Winden besonders ausgesetzt ist, so kann dies die Veranlassung geben, daß kränkliche Personen und zarte Kinder oft monatelang nicht an die Luft kommen können, während dieses wohl möglich wäre, wenn die Hausthür auf eine geschützte Straße hinaus mündete. In solchen Fällen wird also auch darauf zu achten sein.

Beziehen von Neubauten.

Es hat zweifellos seine große Annehmlichkeiten, in ein neuerbautes Haus einzuziehen. Abgesehen davon, daß man häufig in der Lage sein wird, sich die Oefen, die Tapeten, die Anstriche der Thüren, die Kocheinrichtung u. s. w. ganz nach eigenem Wunsch auswählen zu können, wird Vielen der Gedanke angenehm sein, eine Wohnung zu beziehen, in welcher noch kein Vorwohner gehaust, krank gewesen oder vielleicht gar gestorben ist. In der That kann dieses, wie wir weiter unten sehen werden, ein großer Vorzug sein, aber es stehen diesen Annehmlichkeiten und Vorzügen eines Neubaues denn doch häufig auch recht große Nachtheile entgegen, die zwar nicht vorhanden zu sein brauchen, es aber leider nur zu häufig thatsächlich sind, und auf deren etwaiges Vorhandensein jedenfalls vor dem Miethen der Wohnung geachtet werden sollte.

Ein allgemein bekannter und thatsächlich auch kaum je ganz zu vermeidender Fehler einer neuen Wohnung ist ihre Feuchtigkeit, aber bei rationeller Bauweise läßt sich dieser Fehler doch ziemlich leicht so weit verringern, daß er für den ersten Bewohner des Hauses jedenfalls keinen gesundheitlichen Nachtheil mehr im Gefolge zu haben braucht und der Name „Trockenwohner" dann seine sonst mit Recht gefürchtete Bedeutung verliert.

Die Ursachen der Feuchtigkeit in einem neuerbauten Hause können verschiedene sein. Beim Bauen selbst wird, wie Jedermann weiß, zum Bereiten des Mörtels sowie zum Benetzen der Steine, damit der Mörtel an ihnen haftet, eine recht beträchtliche Menge Wasser verbraucht, dazu kommt Regen oder Schnee, welche, so lange das Dach nicht aufgesetzt ist, frei ins Innere des Gebäudes hineingelangen können. Endlich kann auch aus dem Erdboden, in welchem die Fundamente des Hauses ruhen, Wasser in die Mauern in die Höhe steigen und namentlich die unteren Theile derselben stark durchsetzen. Alles dieses Wasser muß zum größten Theil erst wieder aus dem Hause entfernt werden, ehe dasselbe bezogen werden darf, oder es wird für den Bewohner zu einem mindestens sehr unbehaglichen, häufig aber auch direkt schädlichen Aufenthaltsort werden. Es ist hier nicht der Platz, auf diese Dinge genauer einzugehen, sie sind theilweise ja auch nur zu bekannt, wie der allgemein gebräuchliche Ausdruck „Trockenwohner" schon bezeugt, der stets mit einem gewissen Gefühl des Bedauerns oder auch wohl der Schadenfreude angewendet zu werden pflegt.

Von den Behörden sind die Schädigungen, welche das Bewohnen feuchter Räume im Gefolge hat, ebenfalls anerkannt, und es sind zur Verhütung dieser Schädigungen allgemein jetzt sogenannte Trockenfristen festgesetzt, durch welche das Beziehen von Wohnungen innerhalb einer gewissen Frist nach Fertigstellung des Rohbaues verboten wird. In vielen Fällen genügen diese Fristen auch wohl, aber es giebt doch andererseits in jeder Stadt eine große Reihe von Häusern, welche im Rohbau so schnell und nachlässig hergestellt sind, daß trotz der polizeilich festgesetzten Trockenfrist beim Ablauf dieser der Feuchtigkeitsgehalt der Wände zum Beziehen der Wohnungen noch ein viel zu hoher ist. Hier ist entschieden noch eine Lücke in unseren polizeilichen Verordnungen und es ist nur zu hoffen, daß sie recht bald einmal ausgefüllt werden wird.

Vor der Hand kann nur jedem Miether, der in einen Neubau einzuziehen gedenkt, dringend gerathen werden, sich vorher nach Möglichkeit zu unterrichten, ob die Wohnung auch nicht noch zu feucht ist. Das ist allerdings häufig nicht so ganz einfach, ja zuweilen sogar wohl ganz unmöglich, da das Wasser eben zum allergrößten Theil noch tief in den Wänden steckt und sich erst bemerkbar macht, wenn die Wohnung längst bezogen ist, aber es mögen doch hier wenigstens einige Fingerzeige gegeben werden, welche schon vor dem Beziehen auf eine feuchte Wohnung deuten.

Zunächst zeigt sich nicht selten in solchen Wohnungen ein eigenthümlich dumpfer muffiger Geruch, namentlich wenn die Fenster längere Zeit nicht geöffnet waren und ganz besonders, wenn außerdem das Zimmer geheizt wird. Die Meisten werden auch in diesen Fällen ein feuchtes kaltes Gefühl in den Räumen empfinden, ähnlich wie es jedermann bekannt ist, der einmal im Frühjahr oder Sommer an kurz vorher fertiggestellten Rohbauten vorbeigegangen ist, die diese Kälte schon auf der Straße bemerken lassen.

Höhere Grade von Wandfeuchtigkeit zeigen sich ohne Weiteres dem Auge als dunkle, beim Anfassen nasse Flecke auf dem Wandputz oder der Tapete, oder auch durch Auftreten von Schimmel- sowie Beulenbildung der Tapeten an diesen Stellen. Vor allen Dingen sind dunkle Ecken und die tiefsten Theile der Zimmerwand, weiter die Wohnungen im Erdgeschoß und die Zimmer nach der Wetterseite daraufhin zu untersuchen. Ist noch keine Tapete und kein Wandputz vorhanden, so tritt zuweilen ein eigenthümlicher weißflockiger Belag auf einzelnen Steinen der Mauer oder, was schlimmer ist, auf einer ganzen Wandfläche auf. Dieses Uebel, vom Laien auch wohl als Mauerfraß oder Mauersalpeter bezeichnet, rührt von schlechter Mörtel- oder Steinbeschaffenheit her, es macht die Mauer dauernd feucht und läßt sich leider nur durch vollkommenes Ausbrechen der betreffenden Wandstellen beseitigen, sodaß vor dem Beziehen solcher Wohnungen in der That dringend zu warnen ist. Vielfach wird man, wie schon oben erwähnt, der Wohnung so ohne Weiteres ihre Feuchtigkeit nicht ansehen können, in solchen Fällen wird man gut thun, zumal wenn man trotzdem Verdacht auf Feuchtigkeit der Wohnung hat, sich über die Art und Weise der Errichtung des Baues einige Kenntniß zu verschaffen, um sich möglichst gegen unliebsame spätere Ueberraschungen zu sichern. Je langsamer ein Bau ausgeführt worden ist und je trockener die Jahreszeit war, die dem Fertigstellen des Hausdaches vorherging, je länger endlich die Frist zwischen Vollendung des Rohbaues und Beziehen der Wohnung ist, um so weniger Feuchtigkeit wird auch wahrscheinlich noch in den Mauern sitzen. Ortseingesessene werden nun über diese Fragen häufig ohne Weiteres Bescheid wissen, aber auch Zugereiste oder solche, die in dem betreffenden Stadttheil nicht bekannt sind, können, wenn sie dem Vermiether der Wohnung nicht genügende Wahrheitsliebe auf ihre Fragen zutrauen, sich oft Auskunft auf der Polizei holen; hier wird sowohl der Zeitpunkt des ertheilten Baukonsenses sowie der der Rohbauabnahme leicht zu erfahren sein, und da in der Regel wenigstens der Bau bald nach dem ersteren Termin begonnen sein wird, kann daraus ersehen werden, ob schnell oder langsam und in welcher Jahreszeit gebaut worden, respektive wie lange Zeit nach der Vollendung des Rohbaues schon verstrichen ist.

Es möge an dieser Stelle auch Antwort auf eine Frage gegeben werden, die nicht selten an den Hausarzt, den Baumeister oder einen Gesundheitstechniker gestellt zu werden pflegt, nämlich in welcher Jahreszeit ein Neubau am zweckmäßigsten zu beziehen ist. Ziemlich allgemein sind bei uns als Ziehzeiten der Herbst und der Frühling in Gebrauch, und man wird die Frage daher wohl dahin präcisiren können, welcher dieser beiden Termine im obengedachten Falle den Vorzug verdient. In der Regel wird man zweifelsohne den Herbst mehr empfehlen können, es ist dann der lange warme Sommer unmittelbar vorhergegangen, und wenn derselbe nicht ausnahmsweise regenreich war und wenn nach dem Einbringen der Fenster auch noch für

Beziehen von Neubauten.

Oeffnen derselben, also fortgesetztes periodisches Lüften der Räume gesorgt worden ist, wird man immer darauf rechnen können, daß ein großer Theil der in den Wänden steckenden Feuchtigkeit während dieser Zeit aus denselben entwichen ist. Allerdings wird man gut thun, nach dem Beziehen der Wohnung etwas früher wie sonst mit dem Heizen zu beginnen und einen etwa dadurch erzielten Ueberschuß an Wärme durch öfteres Zugmachen zu entfernen, es geht auf diese Weise meist dann auch noch weitere Feuchtigkeit mit nach draußen.

Im Frühjahr liegt die Sache etwas anders; allerdings wird meistens ein Haus, welches zu Ostern zum Beziehen fertiggestellt wird, als Rohbau im Sommer oder Herbst, also zu einer in der Regel trocknen Jahreszeit errichtet worden sein, es wird also vielleicht in der ersten Zeit seiner Entstehung weniger Wasser in sich aufgenommen oder solches gleich Anfangs schneller wieder abgegeben haben, als ein Bau, der im Winter oder in den ersten Frühjahrsmonaten in die Höhe gewachsen ist. Allein dann folgte im ersteren Falle der kalte Winter und wenn da nicht nach dem Einsetzen der Fenster durch künstliche Mittel wie Aufstellen von Kokeskörben oder intensivstes Heizen mit kurzem periodischen Lüften nachgeholfen worden ist, wird man auf ein weiteres Austrocknen der Mauern in dieser Periode kaum haben rechnen können. Es kann daher nur empfohlen werden, wenn man genöthigt ist, ein neuerbautes Haus, welches erst im letzten Herbst im Rohbau fertig wurde, im Frühjahr zu beziehen, daß man dann vor dem Einziehen und zwar schon möglichst lange vorher die leeren Zimmer ordentlich heizen läßt, und daß man durch kurzes Zugluftmachen, d. h. durch Oeffnen von Fenster und Thüren entgegengesetzter Räume, dafür sorgt, daß die mit Feuchtigkeit gesättigte Stubenluft nach außen abzieht und durch frische Luft von außen ersetzt wird. Falsch ist es, in solchen Räumen einen permanenten Zug zu entwickeln, da bei gewöhnlicher Ofenheizung dann die Wände nicht warm werden; die Luft darf erst wieder aus den Räumen hinausgelassen werden, wenn sie vollkommen erwärmt ist. Das Lüften selbst ist also periodisch und immer nur für kurze Zeit ins Werk zu setzen.

Einige unangenehme Folgeerscheinungen, welche nach dem Beziehen eines Neubaues sich zuweilen über kurz oder lang zeigen, sollen hier wenigstens kurz erwähnt werden, da sie auch mit der Feuchtigkeit des Hauses in Zusammenhang stehen und unter Umständen später sogar die Bewohnbarkeit desselben in Frage stellen können. Zunächst kommt es sehr häufig vor, daß einige Zeit nach dem Einziehen sämmtliche Holztheile der Wohnung anfangen sich zusammenzuziehen, zu „schwinden", wie der technische Ausdruck lautet; das macht sich dem Auge besonders am Fußboden bemerkbar, dessen Anfangs tabelloses Aussehen durch das Auftreten mehr oder weniger breiter Fugen nicht wenig Einbuße erfährt; schlimmer als dieser Schönheitsfehler ist jedoch, daß damit zugleich der unter dem Fußbodenbelag befindliche, bisher durch ihn von dem Zimmer abgeschlossene sogenannte Fehlboden, der nur zu oft leider aus sehr bedenklichen Stoffen besteht, ungehindert in das Zimmer gelangen kann, entweder als Staub, wenn er durch das Schwingen des Fußbodens beim Begehen desselben aufgewirbelt wird, oder auch als übelriechendes Gas, letzteres zumal, wenn der Fußboden häufiger feucht aufgewischt wird, wobei dann ein Theil des Wassers bis zu dem Fehlboden gelangt und hier die Ursache zur Entwickelung stinkender Fäulniß wird. Diese kann für die Bewohner sehr störend werden, aber mehr noch wie das, ich glaube, daß auch auf diesem Wege direkt Infektionskrankheiten verbreitet werden können und manche räthselhafte Diphtherie, mancher Typhus, der plötzlich anscheinend ohne jede Ursache nach dem Beziehen einer solchen Wohnung auftritt, mag seinen Grund in dem Zwischendeckenstaub haben.

Weniger gesundheitsschädlich, aber auch doch recht unangenehm ist das Schwinden des Holzes an den Fenstern und Thüren, da ein oft unerträglicher und durch nichts zu beseitigender Zug die Folge davon zu sein pflegt, der manche Zimmer bei strenger Kälte draußen oder starkem Wind sogar zeitweise ganz unbewohnbar machen kann. Eine Abhilfe kann in allen diesen Fällen nur durch eine gründliche bauliche Reparatur der Wohnung erwartet werden, und es sollte doch diese nur zu häufig

Beziehen von Neubauten.

gemachte Erfahrung die Bauherren endlich bestimmen, etwas vorsichtiger wie bisher in der Auswahl des Bauholzes und im Legen der Fußböden zu sein, sie würden in den meisten Fällen auch billiger dabei fahren; denn eine gründliche Reparatur eines ganzen Hauses kostet häufig eine recht beträchtliche Summe.

Eine weitere oft die Zukunft des gesammten Hauses in Frage stellende Folge der Feuchtigkeit ist endlich das Auftreten des Hausschwammes. Dieser kann sich in Neubauten schon sehr bald nach dem Beziehen der Wohnungen zeigen, kann aber ebensogut auch in sehr viel späterer Zeit erst in seinen verheerenden Wirkungen zum Vorschein kommen. Ob der Hausschwamm direkt die Gesundheit des Menschen gefährden kann, ist noch nicht mit Sicherheit erwiesen, jedenfalls thut er es indirekt, indem er, wo er sich festsetzt, die Räume mit einem widrigen dumpfigen Geruch erfüllt und dieselben dauernd feucht macht. Ein faulig dumpfer Geruch in den Zimmern, zuweilen auch schon im Treppenhaus bemerkbar, wird daher stets Verdacht auf Schwamminfektion wachrufen müssen, bei weiterem Wuchern desselben pflegen einzelne Stellen der Fußböden ihre Elasticität zu verlieren, sie federn nicht mehr, und bei stärkerem Darauftoßen mittels des Hackens oder eines Stockes giebt die Diele dann häufig auch schon nach und zeigt dadurch, daß die Krankheit im Holze schon ziemlich weit vorgedrungen ist. Dann hilft wieder nichts anderes als eine schleunige und meist sehr umfangreiche Erneuerung des Holzes und aller ergriffenen Theile des Gebäudes bis weit in das Gesunde hinein.

Am meisten gefährdet pflegen in einer Wohnung diejenigen Stellen zu sein, wo viel Wasser auf den Fußboden gelangt, wie in Badezimmern, in der Küche unter dem Wasserausguß und so weiter, ferner im Holzfußboden, der frisch gelegt nach oben abgeschlossen wird. So ist es z. B. aus diesem Grunde immer etwas riskant, in einem neuerbauten Hause den Fußboden sogleich mit Linoleum zu belegen. So sehr dieses Material sonst für die Zimmer empfohlen zu werden verdient, so ist es doch, in einem Miethshause wenigstens, gerathener für den erften Bewohner, zunächſt einmal ein Jahr den Fußboden austrocknen zu laſſen und dann erſt das Linoleum aufzubringen.

Der Hausſchwamm läßt ſich, wie eben angedeutet, in der Regel erſt ohne Weiteres mit Sicherheit erkennen, wenn er einen gewiſſen Umfang erreicht hat, der ſorgſame Miether wird aber aus den oben angegebenen Merkmalen und unter Berückſichtigung der häufigeren Fundſtellen des Schwammes nicht ſelten auch den Anfang einer Infektion feſtſtellen können, und dann ſelbſtverſtändlich lieber auf die etwaigen ſonſtigen Vortheile der Wohnung verzichten und ſich eine andere Wohnung ſuchen, falls ſich nicht der Vermiether zu einer ſofortigen gründlichen Nachforſchung und Reparatur des Uebels bereit erklärt.

Beziehen alter Wohnungen.

Bei dem Miethen in älteren Häuſern wird man ſelbſtverſtändlich meiſt darauf verzichten müſſen, ſich Tapeten, Oefen und dergleichen nach eigenem Wunſch und in Harmonie mit ſeinem Mobiliar auswählen zu können, aber dafür wird man in der Regel auch vor dem häufigſten Fehler der neuen Häuſer, der Feuchtigkeit der Wohnung mit all' ihren eben geſchilderten unangenehmen Folgen, ſicher ſein. Allerdings, Ausnahmen beſtätigen die Regel und es giebt viele alte Häuſer, deren Feuchtigkeit noch viel mehr zu fürchten iſt, wie die der Neubauten, weil das Uebel hier nicht wie in letzteren vorübergehend, ſondern meiſt dauernd zu ſein pflegt. So iſt es vor allen Dingen mit jenem Waſſer, welches vom Erdboden aus in den feinen Poren der Wände in die Höhe ſteigt, wenn es nicht durch eine beſondere Iſolirſchicht in der Mauer davon abgehalten wird. Dieſes Waſſer verdunſtet zwar fortwährend, aber es wird auch in gleichem Maße erſetzt durch neu aufſteigendes Waſſer und häufig erweiſen ſich alle ſpäter dagegen ergriffenen Schutzmaßregeln als vergeblich. Glücklicherweiſe verräth ſich dieſe Feuchtigkeit ziemlich leicht dem aufmerkſamen Auge des Miethers. Naturgemäß ſind faſt immer nur die unterſten Stockwerke davon betroffen, und hier kann man oft ſchon von außen an der

Beziehen alter Wohnungen.

Mauer an der dunklen Verfärbung der Steine oder des Putzes erkennen, wie hoch das Wasser dort gestiegen ist. Im Innern der Wohnung zeigen sich ganz ähnliche Merkmale der Feuchtigkeit, wie sie schon früher bei Besprechung der Neubauten aufgeführt worden sind, wie dumpfer Geruch, Flecken und Schimmelbildung auf den Tapeten, nur daß hier häufig diese Stellen durch Möbel, Bilder und dergleichen verdeckt sind. Hat man also auch nur den geringsten Verdacht, daß die Wohnung etwa ganz oder theilweise feucht sein könnte, so wird man nicht versäumen dürfen, sich vor allem die dunkelsten Ecken derselben genauer anzusehen und sich von solchen Stellen die Möbel von der Wand rücken zu lassen, falls diese noch von dem Vorwohner darin vorhanden sind. Das gilt vor allen Dingen von den Erdgeschossen, aber auch höhere Stockwerke sind zuweilen nach der Richtung nicht einwandsfrei, zumal die Zimmer, welche frei nach der Wetterseite zu gelegen sind.

Ein Nachtheil, der allen älteren Wohnungen anzuhaften pflegt, besteht darin, daß die Spuren der Vorwohner nicht vollständig aus ihnen zu verwischen sind. In der Regel wird bei uns, den üblichen Miethsgebräuchen zufolge, der neue Miether die Wohnung von seinem Vorgänger, wie man zu sagen pflegt, „besenrein" zu übernehmen haben, d. h. der gröbste Schmutz, aber häufig auch nur dieser, muß aus derselben entfernt sein, wenn die Wohnung von dem alten Miether verlassen wird. Der Begriff der Reinlichkeit ist bekanntlich häufig ein recht verschiedener, und so wird es manche Hausfrau geben, deren dringendster Wunsch nach dem Beziehen einer solchen Wohnung die Veranstaltung eines ganz besonderen „großen Reinmachens" ist und in vielen Fällen nur mit allzu viel Recht. Es ist ja ganz natürlich, daß sich in einer Wohnung im Lauf der Jahre eine große Menge von Staub und Schmutz anhäuft, die zwar zum Theil durch periodisches gründliches Reinmachen wieder daraus entfernt werden kann, zum Theil aber auch so verborgen sitzt oder so fest haftet, daß ihm so ohne Weiteres nicht beizukommen ist. Man mache nur einmal den Versuch und reibe eine Tapete, welche mehrere Jahre hindurch schon an der Wand auch der reinlichst gehaltenen Wohnung gesessen hat, mit etwas frischer Brodkrume ab, man wird erstaunt sein, welch' ungeheure Schmutzmenge sich dort dem Auge sonst unbemerkt festgesetzt hat. Dieser Schmutz ist glücklicherweise zum weitaus größten Theile für die Bewohner des Zimmers nicht gefährlich, aber es giebt doch auf der anderen Seite leider auch solchen, von dem man gerade das Gegentheil behaupten muß, und diesen möglichst zu vermeiden, sollte eine der Hauptbestrebungen des neuen Miethers sein. Das ist nun zwar häufig leichter gesagt als gethan, aber bei der Wichtigkeit der Sache möchte ich doch nicht unterlassen, hier wenigstens noch einige diesbezügliche Fingerzeige zu geben.

Sehr unangenehm pflegt es schon für den neuen Miether zu sein, wenn er einige Tage nach dem Umzug bemerkt, daß in seiner Wohnung Ungeziefer sein Wesen treibt. Relativ harmlos sind die nicht selten in der Küche oder an anderen warmen Orten zu findenden Schaben oder Schwaben, sie wagen sich wenigstens nicht an den Menschen heran und sind auch ziemlich leicht wirksam zu bekämpfen. Wesentlich schlimmer steht die Sache, wenn beißende Insekten, vor allen Dingen Wanzen, die Zimmer bevölkern. Auf die Mittel zur Vertreibung dieser Plagegeister näher einzugehen, ist hier nicht der Ort, sondern es soll nur kurz angegeben werden, wo man sie eventuell vor dem Miethen der Wohnung auffinden kann. Selbstverständlich werden sie in unsauber gehaltenen Räumen in der Regel eher angetroffen werden, als im umgekehrten Fall, aber auch in ganz reinen Zimmern, ja selbst in Neubauten kommen sie schon vor, in letzteren besonders, wenn das Zwischendeckenmaterial, also der Fehl- oder Füllboden unter den Dielen, mit ihnen verunreinigt war. Hat man Grund, z. B. wegen besonderer Unsauberkeit eines Zimmers, Verdacht auf ihre Anwesenheit zu schöpfen, wird ja zuweilen eine diesbezügliche Frage an den Vormiether, selten oder nie eine solche an den Hauswirth die gewünschte Auskunft ergeben; sicherer wird es schon sein, wenn man in solchem Falle selbst dem Uebel auf die Spur zu kommen sucht. Das ist manchesmal, z. B. bei

Beziehen alter Wohnungen.

Wanzen, garnicht so arg schwer; dieselben pflegen ihre Nester besonders gern hinter von der Wand losgelösten Theilen der Tapete, in alten Bildernägellöchern und sonstigen Vertiefungen der Wand, ferner vor allen Dingen in der Nähe des Ofens zu haben, und oft findet man sie dort in so großen Schaaren, daß sie selbst bei flüchtiger Untersuchung des Zimmers, wie sie jemandem, der die Wohnung miethen will, meistens nur erlaubt ist, nicht entgehen können. Natürlich wird man nicht immer auf diese Weise zum Ziel kommen, aber es lohnt sich gewiß auch oft der kleinen Mühe des Nachsehens der Wände im Verdachtsfalle.

Eine direkte Gefahr kann dem Miether aus dem Beziehen der gewählten Wohnung erwachsen, wenn in der Familie des Vorwohners irgendwelche Infektionskrankheit kurz vorher geherrscht hat. Es besteht in Bezug auf diesen Punkt unter dem miethenden Publikum bisher noch eine merkwürdige Unerfahrenheit und Nachlässigkeit; denn es wird doch wohl nur in den allerwenigsten Fällen nachgeforscht, wie es mit der Gesundheit des Vorwohners und seiner Familie gestanden hat. Ja manche Leute haben direkt eine gewisse Scheu vor solchen Erkundigungen, sie stecken lieber, wie der Vogel Strauß, den Kopf in den Busch und wollen garnicht wissen, was vor ihnen in der Wohnung vorgegangen ist, und doch kann sich das oft in sehr trauriger Weise rächen. Passirt es doch garnicht so selten, daß eine Wohnung verlassen wird, weil sich die Zahl der Familienglieder durch den Tod verringert hat und die Wohnung dadurch zu groß geworden ist oder auch, weil ein Krankheitsfall in der Familie die Uebersiedelung in eine sonnigere oder sonstwie günstiger gelegene Wohnung erforderlich gemacht hat. Hat es sich da um eine Infektionskrankheit gehandelt, so liegt die Gefahr thatsächlich oft garnicht so weit, daß der folgende Miether durch das Beziehen der Wohnung die Krankheit ebenfalls erwirbt. Glücklicherweise sind wir mit ziemlicher Sicherheit heutzutage im Stande, die gefährlichen Infektionserreger in unseren Wohnungen zu vernichten, aber durch ein gewöhnliches, wenn auch gründliches Reinmachen unserer Hausfrauen ist das leider meist nicht möglich. Ich verweise dazu nur auf den vorhin empfohlenen Versuch mit dem Abreiben der Tapete durch Brod; derselbe ist meist so beweisend, daß es weiterer Worte kaum bedarf, jedem überlegenden Menschen wird daraus hervorgehen, daß auch der gewissenhaftesten Scheuerfrau noch eine ganze Menge entgeht, was zu entfernen eigentlich wünschenswerth war. Nöthig wird in jedem Falle die Entfernung respektive die Vernichtung der in dem Staub enthaltenen lebenden Keime, wenn die Vermuthung einer Infektion durch denselben gehegt werden kann, und das wird eben immer der Fall sein, wenn vorher ein Infektiöser in dem Zimmer sich aufgehalten hat. Nun besitzen heutzutage die meisten unserer größeren und vielfach auch schon kleinere Städte eine Desinfektionsanstalt, welche mit den nöthigen Utensilien und Personal ausgestattet ist, um auch eine Wohnungsdesinfektion gewissenhaft auszuführen, und in einigen Städten bestehen auch schon polizeiliche Vorschriften, die eine Wohnungsdesinfektion nach dem Auftreten gewisser Infektionskrankheiten in der Wohnung vorschreiben, aber leider sind die Vorschriften meist noch lückenhaft, berücksichtigen z. B. die gefährliche Tuberkulose nicht, und sind auch, wie gesagt, erst in einer kleinen Anzahl von Städten so durchgeführt, daß man sich darauf verlassen kann. Vor der Hand wird es also, abgesehen von diesen wenigen Ausnahmen, stets dem Miether überlassen bleiben, sich nach der Richtung hin zu sichern, und er sollte das in jedem Falle thun, ganz besonders aber, wenn Kinder in die Wohnung mit einziehen sollen. In vielen Fällen wird ja eine einfache Frage an den Vormiether oder an den Hauswirth gerichtet, schon die nöthige Auskunft bewirken; sollte man hiermit nicht zum Ziele kommen, so kann man versuchen, auf dem Polizeibureau sich zu informiren, ob ansteckende Krankheiten in der Familie des Vorwohners in der letzten Zeit vorgekommen sind. Die meisten dieser Krankheiten, leider allerdings nicht alle, auf welche es ankommt, sind ja bei uns anzeigepflichtig und müssen also der Polizei gemeldet werden.

Ist dem Laien nicht klar, ob und in welchem Umfang eine Wohnung zu desinficiren ist, wird selbstverständlich am besten ein Arzt darüber befragt werden müssen, derselbe wird auch vielleicht, wenn keine Desinfektionsanstalt am Ort sein sollte, die Desinfektion ins Werk leiten und überwachen können.

Größe der Wohnung.

Bei der Auswahl einer Wohnung wird zunächst die nöthige Größe derselben berücksichtigt werden müssen. Dieselbe wird durch verschiedene Faktoren bestimmt, vorerst einmal durch die Größe der Familie. Diese wird in der Regel für die nächste Zeit entweder eine konstante sein oder es wird ein Zuwachs respektive eine Verminderung derselben erwartet werden können, und darnach muß natürlich auch die Wohnung ausgesucht werden. Zweitens spielt der Geldbeutel und die Lebensgewohnheit bei dieser Frage eine große Rolle; beides pflegt meist in Abhängigkeit von einander zu stehen und so kommt es, daß die Bedürfnißfrage auch abgesehen von der Größe der Familie in sehr weiten Grenzen sich bewegen kann. Natürlich sind das alles auch Momente, auf welche die Hygiene keinen Einfluß haben kann und es soll deshalb auch hier darauf nicht näher eingegangen werden; nur ganz kurz mag hervorgehoben werden, was vom hygienischen Standpunkte aus wohl im Allgemeinen von einer Wohnung in Bezug auf ihre Größe zu fordern ist. Zuvörderst wird nöthig sein, daß besondere Wohn- und Schlafzimmer namentlich auch für Kinder vorgesehen werden, weiter, daß auch die Schlafräume der Eltern von denen der heranwachsenden oder gar erwachsenen Kinder, sowie die der Schwestern und Brüder unter den gleichen Verhältnissen von einander getrennt sind.

Dabei ist im Schlafraum als kleinstes Luftmaß für ein Kind unter 10 Jahren 5 Kubikmeter Luft zu rechnen, für jeden Menschen über 10 Jahre wenigstens 10 Kubikmeter. Diese Maße sind, wie gesagt, als nur eben zureichend zu erachten, werden auch glücklicherweise nur in seltenen Fällen unterschritten, doch kommen auch gelegentlich in größeren Wohnungen Schlafräume, namentlich für Dienstboten vor, die nicht einmal diese

Bedingungen erfüllen; das ist entschieden als unstatthaft zu bezeichnen und sollte durch die Bauordnungen schon verboten werden. Ueberhaupt sollte der Grundsatz Beachtung finden, daß zum Schlafen möglichst große Räume gewählt werden. Leider wird hier häufig schon vom Baumeister gefehlt, der die ihrer Lage und Ausstattung nach zum Schlafen zu benutzenden Zimmer auf Kosten der anderen, namentlich der sogenannten Repräsentationsräume, einschränkt. Das ist sicher zunächst Schuld des Baumeisters, aber doch auch zum größten Theil die der Miether, die solche Repräsentationsräume verlangen. Es ist bedauerlicherweise eine bei uns weitverbreitete Sitte oder vielmehr Unsitte geworden, daß ein Raum der Wohnung und zwar meistens der beste derselben als sogenannte „gute Stube" eingerichtet wird, deren kalte Pracht nur für wenige kurze Stunden im Jahre den werthen Gästen des Hauses geöffnet wird, während der Raum sonst vollkommen unbenutzt bleibt. Wenn doch unsere Hausfrauen das Unsinnige einer derartigen Einrichtung einsehen lernten, sie würden sich und ihrer Familie oft wahrlich keinen kleinen Dienst damit erweisen.

Eine Frage, die häufig beim Miethen einer Wohnung ventilirt wird, ist die, ob ein Fremdenzimmer nöthig sei. Es liegt mir fern, dieselbe hier entscheiden zu wollen, ich möchte nur darauf hinweisen, daß, wo Kinder im Hause sind, ein Reservezimmer häufig von außerordentlichem Nutzen sein kann, wenn beim Ausbruch einer ansteckenden Krankheit ein Kind von den anderen abgesperrt werden muß.

Von größerer Wichtigkeit, als man gemeiniglich oft denkt, ist das richtige An- oder Ineinanderliegen der einzelnen Räume einer Wohnung, weil dasselbe sowohl für das bequeme Bewirthschaften, wie das behagliche Wohnen von entscheidendem Einfluß sein kann. Ein solcher unrichtiger Grundriß einer Wohnung vermag in der That oft die sonstigen Vorzüge derselben stark in den Schatten zu stellen. Wie oft hört man nicht die Klage, daß ein Zimmer fast unbewohnbar sei, weil es fortwährend als Durchgang benutzt werden muß, daß ein Schlafzimmer zu laut sei, weil es direkt neben einer früh Mor-

Größe der Wohnung.

gens viel begangenen Treppe liegt, oder daß kleine Kinder in der Nacht ganz isolirt untergebracht und lediglich unzuverlässigen Dienstboten überlassen werden müssen, weil es eben der Lage der Räume nach nicht anders zu machen geht. Das werden aber für viele schon Gründe sein, um ihnen die Wohnung mehr oder weniger zu verleiden und sie zu veranlassen, sich möglichst bald wieder nach einer neuen Wohnung umzusehen, die diese Nachtheile nicht besitzt.

Es ist deshalb gewiß nur zu empfehlen, wenn man sich, bevor der Miethskontrakt definitiv abgeschlossen wird, einen Grundplan der Wohnung von dem Wirthe geben läßt, in welchem die gegenseitige Lage der Zimmer zu einander sowohl, wie die Fenster und Thüren der letzteren richtig angegeben sind. Sollte ein solcher Plan nicht vorhanden sein, so kann man sich denselben, auch ohne große Mühe und ohne besonderes Geschick dazu zu besitzen, mit der nöthigen Genauigkeit selbst anfertigen, nachdem man sich die Hauptdimensionen der einzelnen Räume an Ort und Stelle ausgemessen hat.

Stellt man sich den Plan mittels einiger Bleistiftstriche auf einem Bogen Papier in der Größe von 1:100 her, sodaß also jeder Meter auf der Skizze 1 Centimeter lang wird, so bekommt man ein handliches Format, das ein Studium des Grundrisses nach den eben als beachtenswerth angegebenen Gesichtspunkten in voller Ruhe erlaubt. In noch einfacherer Weise, freilich auch nicht ganz so genau, läßt sich ein Wohnungsplan skizziren, wenn man sich eines jener bekannten kleinen mit quadrirtem Papier versehenen Notizbüchelchen mit auf die Wohnungssuche nimmt. Man mißt dann jedes Zimmer einer Wohnung nach seinen beiden Hauptdimensionen mit Schritten aus und trägt das Resultat jedesmal sofort in das Buch ein, indem man jede Quadratseite gleich einem Schritt rechnet. Es gelingt sehr bald, sich die nöthige Uebung zu erwerben, auf diese Weise sich in kürzester Frist einen ganz brauchbaren Wohnungsplan zu verschaffen.

Ein solcher Plan ist auch noch besonders angenehm, wenn in der Wohnung außergewöhnlich große Möbel, wie Kleiderschränke, Flügel, Sophas oder dergleichen untergebracht werden sollen. Schneidet man sich die Grundform dieser Möbel aus Papier ebenfalls in der Größe von 1 : 100 aus, so kann man schon vor dem Einziehen die ganze Wohnung auf das Genaueste einrichten, indem man die Papierschablonen wie Möbel auf dem Grundriß hin- und herschiebt. Man wird sich auf diese Weise auch vor den unangenehmen Ueberraschungen sichern können, daß eine Wand zu kurz oder ein Möbel zu groß ist und kann auch den Leuten beim Umziehen mit Bestimmtheit schon angeben, wo jedes Möbel definitiv hingestellt werden soll, was bei einem großen Umzug nicht wenig zur Vereinfachung und Beschleunigung desselben beitragen wird.

Im Folgenden soll noch kurz auf einzelne Theile der Wohnung etwas eingegangen werden, soweit sie hygienisches Interesse haben.

Fenster.

Die Fenster sind in der Wohnung hauptsächlich angebracht, um dieselbe bei Tage mit Licht zu versehen, sie müssen daher je nach der Größe des zu erhellenden Raumes und je nach den Gegenständen, die sich vor den Fenstern befinden und die oft beträchtliche Mengen von Licht wegnehmen können, verschiedene Größe haben. Es ist nun oft nicht ganz leicht zu sagen bei einfacher kurzer Inspicirung des Raumes, ob derselbe unter gewöhnlichen Verhältnissen auch genügendes Tageslicht bekommt. Eine leerstehende Wohnung z. B., die an einem hellen Tage besichtigt wird kann in allen ihren Theilen vollkommen genügend erhellt erscheinen, wenn dieselbe aber bezogen ist, Gardinen und Portieren angebracht, sowie die oft sehr viel Licht schluckenden Möbel aufgestellt sind, sieht sich die Sache plötzlich ganz anders an und namentlich Räume, welche nur indirektes Licht bekommen, wie z. B. in vielen Wohnungen die Korridore, sind dann so dunkel, daß sie ständig oder vielleicht nur mit Ausnahme sehr heller Tage künstlich beleuchtet werden müssen. Man lasse sich also in der Beziehung beim Besichtigen der Räume nicht täuschen, lasse sich die offenstehenden Thüren der Korridore schließen und ziehe noch einen recht großen Prozentsatz von Licht ab, wenn der Tag ein sonniger ist. Es giebt übrigens, das mag an dieser Stelle erwähnt werden, eine Reihe von Mitteln, die man oft anwenden kann, um solche **dunklen Räume** ganz wesentlich heller zu machen. Liegen dieselben nach engen Höfen hinaus, so hilft schon ein **Weißtünchen** der Wände derselben, was ja mit wenig Kosten zu bewerkstelligen ist, oft sehr viel, ferner sind **helle Tapeten** oft von ganz bedeutender Wirkung und sollten eigentlich zum Tapeziren dunkler Korridore stets gewählt werden. In den Wohnzimmern nehmen oft die Vorhänge vor den Fenstern das meiste und beste Licht weg; verkürzt man da den Ueberfall oben am Fenster oder bringt man ihn höher über dem Fenster an, wird man überrascht sein, welch' gute Wirkung man damit erzielen kann. Auch ein richtig angebrachter Spiegel wirkt oft Wunderdinge, so z. B. bei den in Norddeutschland viel zu findenden sogenannten Berliner Zimmern, welche meist ziemlich groß sind, ihr Licht aber nur von einem in der einen Ecke befindlichen, oft noch außerdem nach einem dunklen Hof hinausgehenden Fenster empfangen. Bringt man in einem solchen Falle einen größeren Spiegel an der dem Fenster gegenüberliegenden Längswand an, dessen zweckmäßigsten Standpunkt man dort direkt ausprobiren muß, so gelingt es garnicht selten, selbst in die dunkelste Ecke des Zimmers noch einigermaßen Tageslicht hineinzubringen. Dasselbe Verfahren ist auch sehr zu empfehlen, wenn einzelne Theile eines dunklen Korridors, unvermuthete Treppenstufen und dergleichen besonders zu beleuchten sind.

Aber nicht allein Licht sollen uns unsere Fenster zuführen, sondern auch frische Luft, letztere allerdings nur dann, wenn wir solche wünschen oder nöthig haben. So ist denn eine Hauptbedingung, die wir an die Fenster stellen müssen, daß sie sich leicht und bequem öffnen lassen, aber ebenso müssen sie auch den Luftzug abhalten, wenn sie geschlossen sind, und nicht nur diesen, sondern zugleich auch Staub, Rauch und nach Möglichkeit auch das Geräusch der Straße. Diese Bedingungen erfüllen, das ist wohl ohne Weiteres klar, Doppelfenster besser wie einfache, und so sind letztere für städtische Wohnungen stets als wünschenswerth, ja häufig direkt als nothwendig zu bezeichnen. Zweckmäßiger wird es ferner sein, wenn die Fenster sich beide nach innen öffnen, es läßt sich dann allerdings das Fensterbrett nicht so einfach zum Aufstellen von Blumentöpfen benutzen, weil diese dem Oeffnen hinderlich sind; doch giebt es auch hierfür Rath, wenn man an die Fensterflügel sich mitbewegende Blumenbretter befestigt. Andererseits haben aber nach innen sich öffnende Fenster den Vorzug, daß sie geöffnet bei Wind kein Geräusch machen und daß man Jalousien außen vor dem Fenster anbringen kann, durch welche namentlich im Sommer bei gleichzeitiger Ventilation Regen und Sonnenschein abgehalten werden kann, ein Vorzug, der noch lange nicht genügend bei uns gewürdigt zu werden pflegt. Das Vorhandensein stellbarer Jalousien vor den Fenstern wird deshalb auch stets von den Miethern angenehm empfunden werden. Allerdings darf nicht verschwiegen werden, daß eine heruntergelassene Jalousie bei windigem Wetter auch unangenehm klappern kann, doch wird dieser Nachtheil durch die eben angeführten Vortheile bei weitem aufgewogen.

Doppelte Fenster haben vor den einfachen noch den Vorzug voraus, daß sich weniger Eisblumen und Schwitzwasser auf ihnen bildet, indessen sollte in jedem Falle ein Gefäß für schmelzendes Eiswasser oder Schwitzwasser unter dem Fensterbrett angebracht sein, um das lästige Naßwerden der Fensterbänke und der darunter liegenden Wandtheile hintenanzuhalten. Ein arger Feind unserer Behaglichkeit, namentlich im Winter, ist der Zug vom Fenster her; Doppelfenster schützen gegen ihn, wie eben erwähnt, in der Regel mehr, wie einfache, aber bei der heutzutage leider so wenig soliden Bauart unserer Miethshäuser ist man in keinem Falle sicher, daß die Fenster auch wirklich gut schließen. Daher überzeuge man sich vor dem Einziehen davon, ob auch in der Beziehung Alles in Ordnung ist, bei einer geheizten Wohnung im Winter ist das ja sehr einfach, weil man den Zug da ohne Weiteres spürt, aber auch sonst wird man

Thüren. 29

beim Oeffnen und Schließen einiger Fenster unschwer herausbekommen, wie es damit steht. Dabei ist nicht allein auf die Fenster selbst zu achten, sondern auch ganz besonders auf die Umrahmung derselben, dort wo die Holztheile ringsum an die Mauer angrenzen; hier wird man oft deutliche Spalten von mehreren Millimeter Dicke finden, nicht selten auch daran kenntlich, daß durch dieselben hereingestäubte Kohlentheile sich an den Wänden strahlenförmig festgesetzt haben. Diese Spalten sind sorgfältig mit Oelkitt und darübergeklebter Tapete zu verschließen und zwar möglichst, bevor die Gardinen an den Fenstern aufgebracht sind.

Thüren.

Die Thüren haben eine theilweise ähnliche Aufgabe wie die Fenster, insofern sie auch gegen Wärmeverluste und Eindringen von Geräuschen schützen sollen. Beides wird nur in befriedigender Weise erzielt werden können, wenn die Thüren einigermaßen solide konstruirt sind und überall dicht schließen; beides trifft aber leider heutzutage häufig nicht zu, namentlich in neueren Häusern, die auf Spekulation gebaut wurden und bei denen daher auf das Material wenig Rücksicht genommen worden ist. Die Thüren in solchen Häusern sind meist aus nicht genügend getrocknetem Holze hergestellt, und so können wir uns nicht wundern, daß ähnlich wie bei den Fenstern nach einiger Zeit sich klaffende Spalten bilden, die Küchen- und andere Dünste, Licht und Geräusche ungehindert eindringen lassen. Ist das Bauholz künstlich sehr scharf getrocknet worden, so tritt in Neubauten bald nach dem Beziehen der Wohnung auch wohl ein anderer Uebelstand zu Tage; dieses Holz saugt dann nämlich zunächst aus der feuchten Luft begierig wieder Wasser auf, es „quillt", wie man zu sagen pflegt, und die Thüren müssen dann abgehobelt werden, um sie überhaupt schließen und öffnen zu können. Auch in diesem Falle bilden sich später, wenn das Holz das Wasser wieder abgegeben hat, Spalten und Fugen und das Endresultat ist also dasselbe, wie bei ursprünglich nicht genügend getrocknetem Holze. Leider wird der Laie einem frisch erbauten Hause nicht ohne Weiteres ansehen können, wie es mit dem darin verwendeten Holze steht, und man wird sich deshalb in dieser Beziehung nur auf die Vertrauenswürdigkeit des Vermiethers verlassen müssen; in älteren Wohnungen verrathen sich diese Fehler natürlich von selbst, wenn man nur darauf achtet, die Thüren einmal sämmtlich auf- und zumacht und an den Stellen, wo die Bretter zusammengesetzt sind, nach Spalten oder von der Farbe nicht berührten Holzstreifen fahndet, welche als Vorläufer der Spalten anzusehen sind.

Wenn die Korridore durch in den Thüren angebrachte Glasscheiben erhellt werden, wie das jetzt in Miethswohnungen vielfach geschieht, so hat man auch nachzusehen, ob die Scheiben fest in die Thürrahmen eingesetzt sind, weil sie im anderen Falle bei jedesmaligem Auf- und Zumachen der Thür ein sehr störendes klirrendes Geräusch zu machen pflegen.

Wände.

Die Wände einer Wohnung interessiren den neuen Miether in mehrfacher Richtung; zunächst müssen sie trocken sein und es ist schon vorhin darauf hingewiesen, wie man sich davon zu überzeugen hat, und wann besonders dieses nöthig erscheint. Ganz besonders wichtig für den Bewohner ist weiter der innerste Theil der Wand, der Wandbelag; mit ihm kommt der Miether in direkteste Berührung, von ihm hängt sehr viel die Behaglichkeit der Räume, ja nicht selten auch in hohem Grade die Gesundheit der Einwohner ab. Wandbeläge kennen wir nun eine recht große Menge, sie mögen hier ganz kurz in ihren Haupttypen und so weit sie hygienisches Interesse beanspruchen, angeführt werden. Ein sehr billiges und in kleinen Wohnungen auch nicht selten verwendetes Material ist die gewöhnliche Kalkmilch, sie ist hygienisch durchaus nicht zu beanstanden, hat im Gegentheil den Vorzug, daß sie im frischen Zustande sogar desinficirt, und wenn man etwas Farbe hinzusetzt oder die Wände durch farbige Striche in Felder abtheilt, lassen sich auch ganz wohnliche Räume mit solchem Anstrich erzielen. Schon etwas theurer ist Wasser- oder Leimfarbe, sie findet sich daher auch vielfach in besseren Wohnungen und ist auch wohl zu empfehlen; denn wenn man davon absieht, daß ein Leimfarben-anstrich mehr oder weniger leicht abfärbt und dadurch unansehnlich wird, hat er eigentlich kaum Nachtheile, im Gegentheil empfiehlt er sich häufig in neugebauten Häusern, da er die Wände nicht vollkommen abschließt wie Oelfarbe oder Tapete, und daher ein viel schnelleres Austrocknen der Wand erlaubt wie diese. Namentlich die Oelfarbe zeigt dieses oft deutlich, indem entweder die Wand darunter dauernd feucht bleibt oder die Farbe nach kurzer Zeit durch die Nässe zerstört wird. Im Uebrigen allerdings, also auf trockener Wand, hat die Oelfarbe auch ihre besonderen Vorzüge; es haften auf ihr Schmutz und Staub viel weniger wie auf anderem Wandbelag und sie läßt sich vor allem durch Abwaschen sehr einfach reinigen, auch wird die darunter befindliche Wand nicht feucht, wenn innen im Raum viel Feuchtigkeit und Dämpfe entwickelt werden. Es ist daher wohl angebracht, wenn man Koch- und Waschküchen, Badestuben und Klosets, auch wohl Korridore und Treppenhäuser mit Oelfarbenanstrich versieht. Kinder- und Schlafzimmer werden ebenfalls damit angestrichen werden können, wenn man sich nicht an dem glänzenden und meist nicht sehr wohnlichen Eindruck stößt.

Die gebräuchlichste Behandlung der Wand unserer Wohnräume ist das Bekleben mit Tapete, sie hat auch gewiß ihre ganz besonderen Vorzüge, welche sie dazu prädestiniren: vor allem die wohlthuende Wirkung auf unser Auge und das dadurch hervorgerufene Gefühl der Behaglichkeit der Räume. Es gehört allerdings dazu, daß Farbe und Muster mit der Bestimmung der Räume, mit der sonstigen Einrichtung derselben und auch mit dem Geschmack der Zimmerbewohner übereinstimmen. Es sind dies Fragen, die zum größten Theil wohl vor das Forum des Aesthetikers gehören, aber auch der Hygieniker hat doch ein gewisses Interesse daran. Es möge hier nur bemerkt werden, daß blaue, auch zuweilen hellgrüne Farbentöne der Tapeten dem ganzen Raume leicht etwas Kaltes, Frostiges geben können, während röthliche und gelbe Töne umgekehrt das Gefühl des Warmen, Behaglichen hervorrufen. Schlaf- und Kinderzimmer sollten stets eine Tapete mit ganz ruhigem Muster oder eine einfarbige mit glatten Rändern erhalten; es ist sehr unangenehm für bettlägerige und besonders fiebernde Patienten, fortwährend eine solche bunte Tapete vor Augen zu haben, dieselbe kann direkt aufregend wirken. Außerdem mag hier noch einmal hervorgehoben werden, daß von der mehr oder weniger hellen Farbe der Tapete ganz wesentlich die Helligkeit des betreffenden Raumes abhängt. Natürlich wird man nur in seltenen Fällen beim Miethen der Wohnung die Muster und Farbe der Tapeten betreffende Wünsche mit Erfolg dem Hauswirth vortragen können, doch ist es zuweilen ja auch möglich, und dann verdient das eben Gesagte Beherzigung. Außer Farbe und Muster der Tapete interessirt uns aber auch noch das Material, aus welcher sie verfertigt ist. In der Regel wird es ja Papier mit buntem Aufdruck sein; der letztere hat früher nicht selten Krankheit, ja selbst den Tod der Zimmerbewohner hervorgerufen, wenn die Tapetenfarbe arsenhaltig war; jetzt ist dieses kaum mehr zu befürchten, da im Gesetz hohe Strafen auf die Verwendung solcher giftigen Farben für Tapeten vorgesehen sind; indeß kommt es wohl zuweilen noch vor, daß dem Kleister, mit welchem die Tapeten auf die Wand geklebt werden, Arsenik zugesetzt wird, namentlich in der Absicht, Wanzen und anderes Ungeziefer fernzuhalten; auch dieses ist nicht ganz ungefährlich und sollte nicht gestattet werden. Es wird also den Tapezierern etwas auf die Finger zu sehen sein, wenn sie in einer so verunreinigten Wohnung eine neue Tapete an die Wand kleben.

Empfehlenswerth namentlich für Kinder- und Schlafzimmer sind abwaschbare Tapeten, da sie in einfachster Weise, z. B. nach Ablauf einer Infektionskrankheit, wieder zu reinigen sind; ihr Preis ist kaum höher, wie der gewöhnlicher Tapeten und sie sind auch in besseren Tapetenhandlungen meist vorräthig, sodaß mehr wie bisher von ihnen Gebrauch gemacht werden sollte.

Andere Stoffe wie Papier werden bei uns selten zu Tapeten

verwendet, so Linoleum, Linkrusta Walton oder Leder. Diese haben auch den Vorzug abwaschbar zu sein, und es haftet auf ihnen ihrer glatten Oberfläche wegen der Schmutz und Staub auch wenig; bei Tapeten aus Wolle, Baumwolle oder Seide ist das Umgekehrte der Fall, sie sind arge Staubfänger und der Hygieniker wird sie deshalb gerne ganz vermissen können.

Einer Wandbekleidung ist noch kurz Erwähnung zu thun, sie findet sich allerdings ihres hohen Preises wegen nur selten in Miethswohnungen, empfiehlt sich aber unter Umständen trotz desselben auch dort, namentlich wenn ein Zimmer dauernd feuchte Wände hat oder besonders kalte, die dünn gebaut und nach der Wetterseite zu gelegen sind. Hier thut oft das Anbringen einer Holzspahntapete, oder besser noch einer festen Holzbekleidung recht gute Dienste, es ist nur darauf zu achten, daß der Raum zwischen Holz und Wand nicht dicht abgeschlossen ist, weil sonst auch das Holz leicht feucht wird und dann faulen kann.

Fußboden.

Der Fußboden unserer Zimmer wird mit wenigen Ausnahmen aus Holz bestehen, ein Material, welches sich auch wohl dazu eignet, wenn es richtig ausgewählt und verlegt wird. Da unter dem Holz des Fußbodens der oft sehr fragwürdige Fehlboden sich zu befinden pflegt, müssen wir schon aus diesem Grunde einen möglichst dichten Abschluß des Holzfußbodens verlangen. Darum ist nöthig, daß die einzelnen Holzbretter auf Nuth und Feder gearbeitet sind, d. h. dort, wo sie zusammenstoßen, etwas in einander greifen, damit auch nach dem Austrocknen des Holzes der Verband derselben unter einander nicht vollkommen gelöst wird. In der Regel wird auch nach dieser Vorschrift verfahren; hat man Zweifel daran, so kann man sich meist leicht davon überzeugen, wenn man mit einem Messer in die Fugen des Fußbodens einsticht. Sind die Bretter nur einfach aneinander genagelt, so wird das Messer keinen Widerstand finden, der Zugang zum Fehlboden also ein ungehinderter sein. So werden denn auch üble Gerüche aus diesem leicht ins Zimmer kommen können und umgekehrt wird beim Aufwaschen des Fußbodens viel Wasser in den Spalten versickern und im Fehlboden immer neue Fäulnißvorgänge auslösen. Dadurch kann aber ein Zimmer recht arg verpestet werden, wie schon früher ausgeführt worden ist. Ist das Holz des Fußbodens beim Legen sehr feucht gewesen, so schwindet es bisweilen später so stark, daß selbst trotz Nuth und Feder der Fußboden vollkommen durchlässig wird; zuweilen läßt sich dann mit Kitt noch helfen, meistens wird aber eine vollkommene Neulegung des Fußbodens gerathener sein; das ist aber eine sehr umständliche Reparatur und der neue Miether sollte vor dem Einziehen festzustellen suchen, ob sie nöthig ist, und ihre Vornahme ebenso vorher verlangen. Parkettböden sind in der Regel aus besser getrocknetem Holze angefertigt, indessen kommt es auch dort zuweilen zur Bildung von Spalten oder es werfen sich einzelne Hölzer so, daß sie den Fußboden uneben machen, was sehr wenig angenehm zu sein pflegt. In welcher Weise Hausschwamm in dem Fußboden nachgewiesen werden kann, ist bei dem Beziehen von Neubauten schon zur Sprache gebracht worden, ebenso wurde dort darauf hingewiesen, daß es nicht unbedenklich ist, in Neubauten gleich Linoleum zu verlegen, obgleich sonst dieses Material nur empfohlen zu werden verdient. Steinerne Fußböden sind in der Regel sehr kalt und für Wohn- und Schlafzimmer werden sie ja auch bei uns kaum angewendet, für Küchen, Badezimmer und Klosets bieten sie aber große Vorzüge und sollten allgemeinere Anwendung wie bisher dafür finden.

Heizung.

Die künstliche Erwärmung der Wohnung ist für den Miether stets eine ganz besonders wichtige Frage, bedürfen wir ihrer doch in den meisten Theilen unseres Vaterlandes wenigstens 6 Monate im Jahr, häufig auch noch weit länger. Dieser Thatsache gegenüber müssen wir uns eigentlich wundern, mit wie großer Nachlässigkeit und Unkenntniß eigentlich noch ziemlich allgemein die Hauswirthe in der Heizfrage verfahren. Daher pflegen denn auch bei den Miethern Klagen über schlechte Heizung zu den alltäglichsten zu gehören, und es ist demgemäß wohl berechtigt, wenn wir einen Augenblick bei diesem Thema verweilen.

Die Erwärmung eines Zimmers hängt von verschiedenen Umständen ab und einige derselben haben auch schon vorher Berücksichtigung gefunden. Daß ein leicht gebautes Haus, ebenso ein solches, das der Witterung besonders ausgesetzt ist, schwerer im Winter warm zu bekommen ist, wie ein massives, geschützt liegendes Gebäude, ist jedermann klar und ist schon früher darauf hingewiesen worden, daß man beim Miethen einer Wohnung auf diese Verhältnisse zu achten hat. Und ganz besonders wird man in ersteren Fällen, wenn man wirklich eine solche Wohnung miethen will oder muß, sich die Heizeinrichtungen ansehen.

Geheizt wird in den weitaus meisten Fällen in unseren Miethswohnungen durch lokale Heizkörper oder besser verständlich ausgedrückt durch Oefen, obgleich eigentlich nicht einzusehen ist, warum nicht auch allmählich in unseren Miethspalästen die Centralheizungen mehr Eingang finden, da sie sowohl für den Miether wie auch den Vermiether große Vorzüge vor den Oefen haben und gewiß namentlich von unseren Hausfrauen mit lebhaftem Beifall begrüßt werden würden. Die Oefen können wir je nach dem Material, aus dem sie verfertigt sind, in zwei Gruppen eintheilen, in die eisernen und die Kachelöfen, dazwischen stehen dann noch Konstruktionen, in denen Eisen mit Kacheln verbunden worden ist.

Obgleich zweifellos gut konstruirte und sorgfältig behandelte eiserne Oefen vor den Kachelöfen große Vorzüge haben, ist dieses bisher noch durchaus nicht allgemein anerkannt, und so finden wir in manchen Theilen Deutschlands den Kachelofen fast ausschließlich im Gebrauch. Hierin wird natürlich der Miether auch nicht viel ändern können, wenn er nicht auf einen außergewöhnlich liebenswürdigen Hauswirth trifft, der ihm einen eisernen Ofen an Stelle des Kachelofens zu setzen sich verpflichtet, falls sich der letztere als ungenügend herausstellt. Das ist nun garnicht so selten der Fall und es giebt eine ganze Menge Miether, die sich in solchen Fällen damit helfen, daß sie vor dem Kachelofen noch einen kleinen transportablen eisernen Ofen hinstellen, dessen Rauchrohr in die Feuerthür des Kachelofens hineingeführt wird und diesen nun zugleich mit heizt. Häufig wird man mit diesem Mittel auch den beabsichtigten Zweck erreichen, das heißt, das betreffende Zimmer wird auch bei großer Kälte nunmehr warm, aber die Sache hat doch auch ihre Kehrseite. Abgesehen davon, daß ein solcher vorgesetzter Ofen nicht grade zur Verschönerung des Raumes beiträgt, kann er sogar direkt gefährlich werden durch Ausströmen von giftigen Gasen, und an vielen Orten ist diese Art der Aushilfe denn auch mit Recht polizeilich untersagt. Jedenfalls ist es besser, man überzeugt sich vor dem Miethen, ob die Kachelöfen auch wohl alle in genügender Weise ihre Pflicht thun werden, wenigstens soweit dies eben möglich ist. Zunächst wird da von einem Kachelofen verlangt werden müssen, daß seine Größe im richtigen Verhältniß zur Größe des zu erwärmenden Raumes steht. Das kann schätzungsweise geschehen und Miether, welche oft schon eine Wohnung gewechselt haben, werden darin vielleicht sogar eine gewisse Uebung bekommen; etwas genauer ist es zu ermitteln, wenn man den Raum und den Ofen mit einem Maßstabe ausmißt. Natürlich sind in der Beziehung nicht alle Räume gleichwerthig, man wird vielmehr für solche, welche weniger nach außen gegen Wärmeabgabe oder Eindringen kalter Luftströme von außen geschützt sind, auch größere Oefen verlangen müssen. In der kleinen, nachstehend angeführten Tabelle ist das berücksichtigt und ist dabei nur noch zu beachten, daß die niedrigen Zahlen für größere Oefen gelten, weil diese die in ihnen entwickelte Wärme besser wie kleine Oefen dem Zimmer zu übermitteln pflegen, sowie daß die Ofensockel in dieser Berechnung nicht mit einbegriffen sind, also auch nicht mit gemessen zu werden brauchen. Zur Erwärmung von je 10 cbm Raum ist in qm an Heizfläche nöthig für:

geschützt liegende Räume mit Doppelfenstern 3,0—3,75 qm
geschützt liegende Räume mit einfachen Fenstern 4,0—5,0 „
weniger geschützte Räume (Eckzimmer, große
    Fenster, kalter Fußboden) . . . . . 4,5—5,5 „
sehr exponirte Räume (einfache Fenster, dünne
    Wände u. s. w.) . . . . 6,0—7,25 „

Aber nicht allein von der Größe des Kachelofens, auch von seiner sonstigen Konstruktion und Beschaffenheit hängt viel die Wärmeabgabe desselben ab. Oefen ohne Rost sind meist nur für ganz bestimmtes Feuerungsmaterial, nämlich Holz und eventuell auch Preßkohlen, geeignet, während solche mit Rost auch mit Steinkohlen beschickt werden können, was manchem Miether wichtig zu wissen sein wird. Die Ofenthüren müssen luftdicht zu schließen sein, weil sonst viel Wärme zum Schornstein hinausgehen wird; man überzeuge sich also auch davon. Dagegen sind Ofenklappen, zwischen Ofen und Schornstein eingeschaltet, höchst gefährlich, übrigens auch in den meisten Theilen Deutschlands verboten; sie finden sich aber zuweilen doch noch, namentlich in alten Häusern, und jeder Miether müßte von seinem Hauswirth in diesem Falle verlangen, daß die Klappe durch eine gut schließende Ofenthür ersetzt wird.

Es ist vorhin behauptet worden, daß ein guter eiserner Ofen einem Kachelofen überlegen sei und das ist vor allem der Fall hinsichtlich seiner leichteren Regulirbarkeit, seiner bequemen Anpassung an das jeweilige Wärmebedürfniß. Ein jeder, der Kachelofenheizung aus der Erfahrung kennt, wird bestätigen können, daß bei schnellem Witterungswechsel, wie er bei uns während der Heizperiode ja häufig vorkommt, es kaum möglich ist, mit dem Kachelofen Schritt zu halten und daß selbst, wenn man sich nicht allein auf die in diesem Punkte meist ganz besonders insufficiente Intelligenz des Dienstpersonals verläßt und selbst den Ofen versorgt, dieser seinen Verpflichtungen so langsam nachkommt, daß man stundenlang frieren oder, was zuweilen noch schlimmer ist, im überheizten Zimmer aushalten muß. Das kommt bei guten eisernen Oefen selten oder niemals vor, und dieser Vorzug ist es auch, der ihn immer mehr Terrain gewinnen läßt, so daß er mancherorts seinen älteren Kollegen schon vollkommen verdrängt hat. Allerdings gilt dieser Vorzug nur vom guten eisernen Ofen, und diesen vom schlechten zu unterscheiden, wird nicht immer so ganz einfach sein, zumal grade in den letzten Jahren eine ungeheure Anzahl von neuen eisernen Ofenkonstruktionen auf den Markt gekommen ist, die selbst einem Fachmann oft Mühe machen werden, das Gute vom Schlechten oder wenigstens minder Gutem zu sondern. Es kann hier daher auch die Frage in Kürze nicht erschöpfend behandelt werden, sondern es sollen wiederum nur einige Fingerzeige mitgetheilt werden, worauf man beim Miethen, wenn eiserne Oefen vorhanden, besonders zu achten haben wird. Für den eisernen Ofen gilt zunächst auch, was schon für den Kachelofen vorhin an erster Stelle hervorgehoben wurde: seine Größe muß zu der des zu heizenden Raumes in einem richtigen Verhältniß stehen. Metall ist nun ein sehr viel besserer Wärmeleiter wie Thon und giebt verhältnißmäßig viel mehr Wärme ab wie letzterer, in Folge dessen kommen wir unter gleichen Verhältnissen mit sehr viel kleineren Ofendimensionen aus, wenn wir es mit einem eisernen Ofen zu thun haben. In der Regel werden wir das annähernd Richtige treffen, wenn wir für je 10 cbm zu erwärmenden Raumes in Quadratmeter an Heizfläche nöthig annehmen für:

geschützt liegende Räume mit Doppelfenstern . . 1,2—1,5 qm
     "   "   "   " einfachen Fenstern 1,6—2,0 "
weniger geschützte Räume (Eckzimmer, große
    Fenster, kalter Fußboden) . . . . 1,8—2,2 "
sehr exponirte Räume (einfache Fenster, dünne
    Wände u. s. w.) . . . . 2,4—2,9 "

Auch hier gelten die niedrigen Zahlen für größere Oefen. Die Größe der Heizfläche ermittelt man einfach, indem man den mittleren Umfang des Ofens und die Höhe desselben mit einem Bindfaden mißt und die Zahlen miteinander multiplicirt, wobei auch hier der Fuß des Ofens außer Rechnung bleibt. Natürlich wird man nur annähernd richtige Zahlen erhalten, aber sie geben doch einen gewissen Anhaltspunkt in Betreff der

Leistungsfähigkeit des Ofens. In vielen Fällen findet man übrigens, daß die eisernen Oefen eher zu groß als zu klein sein werden; das hat dann den Vortheil, daß man selbst bei stärkster Kälte draußen in dem Zimmer gewiß nicht frieren wird, und daß man für gewöhnlich sogar mit dem einen Ofen noch mehrere benachbarte Zimmer mit heizen kann. Das letztere ist sehr bequem, es ist eben schon der Beginn einer kleinen Centralheizung, allerdings einer recht irrationell angelegten, da die Nachbarzimmer lediglich durch die Thüren geheizt werden. Sehr viel vortheilhafter wäre es, wenn man für solche Fälle dicht oben an der Decke in den Zwischenwänden verschließbare Oeffnungen anbringen würde, durch die dann die warme Luft sehr viel schneller in die Nachbarzimmer gelangen würde; für manche Wohnungen ließe sich auch die Einrichtung treffen, daß man den Ofen auf den Korridor stellte und durch Kanäle mit mehreren Zimmern verbände, das würde der Hausfrau manchen Aerger ersparen, der ihr sonst durch Kohlenschmutz und Aschestaub in den Zimmern verursacht wird. Leider ist das Verständniß für derartige ziemlich einfache und dabei den Komfort des Hauses doch sehr wesentlich beeinflussende Einrichtungen bei den Erbauern unserer modernen Miethshäuser nur ein sehr geringes, so daß man sie selten vorfindet. Hoffentlich wird es in dieser Beziehung bald besser. So wie die Dinge jetzt liegen, bringt der vielgerühmte Vorzug eines eisernen Ofens, daß er zugleich auch die Nachbarzimmer heizt, meist auch einen wenig angenehmen Nachtheil mit sich, nämlich den, daß bei milder Witterung das Zimmer, in welchem der Ofen steht, oft überheizt wird; das ließe sich mit den oben angeführten Einrichtungen ganz gut vermeiden.

Nächst der Größe muß uns aber auch beim eisernen Ofen seine besondere Konstruktion interessiren; denn von ihr pflegt nicht wenig abzuhängen. Von einem guten eisernen Ofen müssen wir verlangen, daß er ummantelt ist, das heißt, daß der eigentliche Heizraum noch nach außen hin von einer zweiten Hülle, eben dem Mantel, umgeben ist; dieser Mantel soll einmal die unangenehme strahlende Wärme des gewöhnlichen eisernen Ofens für den Bewohner unschädlich machen, er soll aber zweitens auch eine schnellere und gleichmäßigere Erwärmung des ganzen Zimmers bewirken. Die besseren neueren Oefen zeigen denn auch alle diesen Mantel entweder in ganzer Ausdehnung des Ofens oder nur an gewissen Theilen desselben.

Von ganz besonderer Wichtigkeit ist weiter, daß sämmtliche Thüren des Ofens vollkommen dicht schließen, da hiervon nicht allein die Regulirbarkeit des Feuers wesentlich abhängt, sondern auch direkt die Gesundheit der Zimmerbewohner. Eiserne Oefen, welche in dieser Beziehung Fehler haben, lassen nämlich zuweilen, namentlich bei schlechtem Zug und wenn sie auf geringes Brennen gestellt sind, giftige Gase ins Zimmer gelangen und manche Klagen über dunstende Oefen rühren hiervon her. Man überzeuge sich also, daß alle Oeffnungen, auch die der sogenannten Füllschachte, am Ofen gut eingeschliffen sind, damit so etwas nicht vorkommen kann. Füllschachte sind eine weitere große Annehmlichkeit unserer modernen eisernen Oefen, sie vereinfachen die Bedienung des Ofens ungemein und gestatten den sogenannten Dauerbrand, d. h. die Oefen brennen Tag und Nacht die ganze Heizperiode hindurch, ohne, bei einiger Aufmerksamkeit wenigstens, je zu erlöschen. Allerdings ist man bei solchen Oefen häufig an ein bestimmtes Heizmaterial, z. B. den Anthracit gebunden, und es empfiehlt sich daher, eine diesbezügliche Frage an den Vermiether vorher zu stellen, ehe man in die Wohnung einzieht und seinen Kohlenvorrath besorgt. Eine Klage, die man in Verbindung mit eisernen Oefen oft zu hören bekommt, ist die, daß die Luft in solchen Zimmern zu trocken sei. Thatsächlich ist das meistens allerdings nicht der Fall, sondern das eigenthümliche trockene Gefühl, welches man in so beheizten Räumen namentlich im Munde und im Kehlkopf empfindet, rührt von einer anderen Ursache her. Eiserne Oefen können bei nicht richtiger Wartung nämlich oft zu heiß werden und es pflegt dann der Staub, welcher sich auf den Ofenwandungen und namentlich seiner Decke abgesetzt hat, zu verkohlen oder zu versengen, die verbrannten gasförmigen Theile des Staubes aber mengen sich der Zimmerluft bei und verursachen nun das eben erwähnte Gefühl der Trockenheit. Eine Abhülfe dieses Uebel-

Heizung.

standes ist daher auch nicht, wie so oft versucht wird, durch Aufstellen eines Wassergefäßes auf den Ofen zu erzielen, sondern vielmehr nur dadurch, daß man eine Ueberhitzung der Ofenwandung vermeidet und durch öfteres feuchtes Abwischen des eigentlichen Ofenkörpers diesen von anhaftendem oder aufgelagertem Staub befreit. Dies möge hier nur beiläufig bemerkt sein, um gelegentliche Klagen über eiserne Oefen nach dieser Richtung verstummen zu machen.

Für alle Oefen, für eiserne sowohl wie für solche aus Kacheln, ist übrigens nöthig, daß der Schornstein richtig konstruirt ist, weil die Oefen sonst nicht brennen, vielmehr sogar leicht rauchen oder dunsten. Ursachen für schlechten Schornsteinzug giebt es nun ziemlich viele und es hätte keinen Zweck, sie alle zu besprechen, da der Laie hier doch meist einen Sachverständigen wird zu Rathe ziehen müssen. Im Allgemeinen möge nur bemerkt werden, daß die Oefen in den unteren Stockwerken meist besser ziehen als die in den oberen, weil die ersteren längere Schornsteine haben, ferner daß niedrige Häuser, wenn sie zwischen höheren eingebaut liegen, oft sehr schlecht ziehende Oefen haben, aus denen es zumal bei Wind oft stoßweise zu rauchen pflegt. Eine Abhülfe ist hier zuweilen möglich und auch wohl vom Hauswirth noch nachträglich zu erreichen, wenn die Schornsteine nach oben verlängert und außerdem durch Rauch- oder Ventilationsaufsätze gegen einfallende Windstöße gesichert werden. Weiter pflegen auch Schornsteine schlecht zu ziehen, welche in größerer Länge frei an Außenwandungen in die Höhe geführt sind, ohne gut isolirt zu sein; auch hier ist eine Abhülfe möglich, indem diese Isolirung noch nachträglich vorzunehmen ist. Endlich darf nicht vergessen werden, daß in Neubauten die Schornsteine oft nicht ziehen, weil ihre Wandungen noch naß sind, dies ist ein Uebelstand, der nach einiger Zeit von selbst zu verschwinden pflegt.

Als eine große Annehmlichkeit muß es bezeichnet werden, wenn die einzelnen Oefen nicht im Zimmer selbst, sondern außen vom Korridor mit Heizmaterial versorgt werden können. Man findet diese Einrichtung noch vielfach in älteren Häusern, in den neueren Bauten ist man leider wieder mehr davon abgekommen, wohl meist deshalb, weil in diesen der Korridor so knapp bemessen ist, daß sämmtliche Wände desselben zum Aufstellen von Schränken gebraucht werden und also kein Platz für Ofenthüren mehr bleibt. Es ist das sehr zu bedauern und hoffentlich wird man auch hierin wiederum zum guten Alten zurückkehren. Der Miether wird eine derartige Heizeinrichtung nur mit Freuden begrüßen können und der Wohnung bei der Auswahl unter mehreren als einen Vorzug zu Buche schreiben. Daß sich ein vorsichtiger Miether auch gleich nach dem Raum zum Unterbringen des Brennmaterials umsieht, ist natürlich; für hochgelegene Wohnungen ist es wesentlich bequemer, wenn hierfür auf dem Boden des Hauses Platz vorgesehen ist; man wird das in solchen Fällen vor dem Miethen mit dem Hauswirth abzumachen haben. Sehr bequem sind übrigens auch kleine Aufzüge für das Brennmaterial, die im Hofe an der Wand neben der Küche oder sonstwo angebracht werden können, sie sind leider nur selbst in den größten und schönsten Miethshäusern kaum je einmal zu finden.

Den Einzelheizungen durch Oefen stehen die sogenannten Centralheizungen gegenüber, die, wie erwähnt, ihre großen Vorzüge besitzen, aber leider auch nur recht selten in Miethshäusern zu finden sind. In Amerika ist man in der Beziehung schon viel weiter, und es wäre gewiß auch bei uns Zeit, daß die Bauherren diesem Punkte mehr Aufmerksamkeit wie bisher widmeten, sie würden, ebenso wie die Miether, ihre Rechnung dabei finden; denn die etwas theuere erste Einrichtung einer Centralheizung wird meist bald ausgeglichen durch Ersparniß an Brennmaterial, und mancher Miether würde gewiß willig eine etwas höhere Miethe zahlen, wenn er dafür die Vortheile einer guten Centralheizung erhalten könnte.

Von den verschiedenen Centralheizsystemen wird die Luftheizung kaum je in Miethshäusern zur Anwendung kommen, weil sie verhältnißmäßig theuer im Betriebe ist und ihr Hauptvorzug, die Räume stets mit frischer Luft zu versorgen, vor der Hand wenigstens noch zu wenig von den Vermiethern wie von

Ventilation. 43

den Miethern anerkannt wird; häufiger schon kommen Wasserheizungen und die namentlich in letzter Zeit sehr vervollkommneten Dampfheizungen vor. Diese Heizungen sind äußerst angenehm und werden heutzutage technisch auch meist so vollkommen ausgeführt, daß Störungen im Betriebe, die natürlich sehr unangenehm empfunden werden würden, nur sehr selten mehr eintreten. Auf die Einzelheiten der verschiedenen Systeme, ihre besonderen Vorzüge und eventuell auch Nachtheile kann hier nicht eingegangen werden; um sie zu verstehen und richtig würdigen zu können, gehören auch mehr technische Kenntnisse, als sie der Laie für gewöhnlich besitzt. Will man eine Wohnung mit Centralheizung miethen, so lasse man sich vorher die Regulirungsvorrichtungen derselben, die in jedem heizbaren Raum besonders vorhanden sein müssen, zeigen und versäume nicht, unter allen Umständen in dem Miethskontrakte sich die Verpflichtung des Vermiethers einfügen zu lassen, für eine bestimmte Minimaltemperatur in den Zimmern Garantie zu leisten.

Ventilation.

Das Kapitel über diese Frage, obgleich sie eigentlich eine der wichtigsten in der Wohnungshygiene ist, kann mit wenigen Worten hier erledigt werden; denn leider finden sich in unseren gewöhnlichen Miethswohnungen kaum jemals besondere Einrichtungen vor, welche eine rationelle Ventilation, d. h. Lufterneuerung in den Räumen bezwecken sollen. Und doch wäre es so ungemein einfach und wenig kostspielig, wenn beim Bau eines Miethshauses auch hierauf etwas Rücksicht genommen werden würde. Durch das Aussparen weniger Kanäle in den Zwischenmauern und Zwischendecken würde hier sehr viel zu erreichen sein und die Miether wären dann nicht mehr wie jetzt darauf angewiesen, im Winter ihre Fenster gegen Zug künstlich zu verbarrikadiren und die verbrauchte Luft der unteren Stockwerke, aus der Küche oder aus anderen noch weniger erfreulichen Quellen in ihre Wohnräume hineinzubekommen. Aber es scheint, daß noch viel Wasser den Berg herunterlaufen muß, ehe diese Verhältnisse einmal gebessert werden. So wie die Sachen heute liegen, wird der Vermiether es schon als einen besonderen Vorzug seiner Wohnungen hinstellen, wenn darin in einzelnen Räumen, namentlich der Küche und den Schlafzimmern, sogenannte Lüftungsscheiben an den Fenstern angebracht sind. Diese Scheiben, am besten sind solche mit verstellbaren Glasjalousien, haben wenigstens den Vorzug, daß man das einzuführende Luftquantum je nach Bedarf reguliren kann, ohne wie beim Oeffnen des ganzen Fensterflügels die kalte eindringende Luft zu unangenehm zu spüren. Da sie verhältnißmäßig billig und in jedem Installationsgeschäft zu haben sind, wird man sie häufig auch nachträglich noch vom Wirth erlangen können, wenn man ihn auf die Vorzüge derselben aufmerksam macht.

Beleuchtung.

Von der Erhellung der Räume durch Tageslicht ist schon bei früherer Gelegenheit die Rede gewesen, es kann daher hier davon Abstand genommen werden. Die künstliche Beleuchtung seiner Wohnung wird mit wenigen Ausnahmen dem Miether selbst überlassen bleiben, nur in Bezug auf Treppen- und Korridorbeleuchtung findet man oft verschiedene Bestimmungen. Man darf nicht versäumen, vor Abschluß des Miethskontraktes diesen Punkt, falls er nicht schon in dem Kontrakt Erwähnung gefunden hat, zur Sprache zu bringen, da unliebsame Meinungsdifferenzen sonst häufig nach dem Einziehen nicht ausbleiben werden. Ist die Wohnung mit Gasleitung versehen, so muß dieselbe dem Miether vollkommen dicht übergeben werden, es ist das vor dem Einziehen allerdings schwer festzustellen. Sind aber die Beleuchtungskörper angebracht und der Gasmesser eingeschaltet, so sollte kein Miether unterlassen, die Dichtigkeitsprobe vorzunehmen, zumal sie ungemein einfach ist. Man schließt zu dem Zweck sämmtliche Hähne bis auf den Haupthahn, welcher offen bleibt, und notirt sich den Stand des Gasmessers. Ist derselbe noch nach einer Viertelstunde der gleiche, so kann man annehmen, daß die Leitung dicht ist, sind die Zeiger fortgeschritten, muß die Leitung sorgfältig abgeleuchtet werden. Die kleine Mühe lohnt sich oft sehr, geringe Undichtigkeiten der Leitung bleiben sonst oft lange unentdeckt, sie können aber die Luft unserer Zimmer doch recht arg verunreinigen, und namentlich die Blumen gehen in solchen Räumen schnell zu Grunde.

Es möge dann bei dieser Gelegenheit auch noch darauf hingewiesen werden, daß man beim **Aufhängen der Beleuchtungskörper**, und zwar nicht allein der Gaskronen, sondern namentlich auch der oft sehr schweren Petroleumlampen die Haken an der Decke auf ihre Tragfähigkeit untersuchen muß. Es ist schon namenloses Unglück durch das Herunterstürzen solcher Lampen hervorgerufen worden. Selbst in ganz neuen Häusern ist auf die Haken kein Verlaß; die Bohlen, in welche dieselben eingeschraubt werden sollen, fehlen oft ganz oder sind so schwach, daß sie der schweren Last der Kronen durchaus nicht gewachsen sind.

Trinkwasser.

Alle unsere großen Städte und selbst die meisten mittelgroßen besitzen jetzt **Wasserleitungen**, welche den Bewohnern das Wasser direkt in die Küche oder an sonst einen anderen bequemen Ort in der Wohnung liefern. Dieses Wasser pflegt in der Regel gut oder wenigstens nicht gefährlich zu sein, aber es kommen doch auch Fälle vor, die große Choleraepidemie in Hamburg 1892 und viele Typhusepidemien an anderen Orten sind Beispiele dafür, wo durch solches Wasserleitungswasser Krankheiten verbreitet worden sind.

Der Wohnungsmiether steht dieser Gefahr zunächst ziemlich machtlos gegenüber, er wird eben das Wasser nehmen müssen, wie es die Leitung ihm giebt und wird jedenfalls vom Hauswirth nicht verlangen können, daß er ihm das Wasser verbessert. Dagegen wird man selbst doch einige Schutzmaßregeln ergreifen können, wenn man dem Leitungswasser aus irgend einem Grunde nicht traut, wenn es z. B. schlecht aussieht oder riecht, wenn viel Typhus in der Stadt oder der Stadtgegend auftritt ober wenn der Hausarzt Bedenken hinsichtlich desselben äußert. Einen gewissen Schutz, leider keinen ganz vollkommenen, gegen solche Infektionsgefahr geben gute Filter, allerdings ist hier eigentlich nur ein einziges zu empfehlen, nämlich das Kieselguhrfilter der Berkefeldt-Filtergesellschaft in Celle, das man übrigens jetzt auch fast in jeder Stadt bekommt. Dieses Filter giebt bei gewöhnlichem Wasserleitungsdruck genügende Mengen von Wasser, und wenn es nach Vorschrift öfter gereinigt wird, so kann man sich auch ziemlich sicher auf dasselbe verlassen, jedenfalls weit mehr als auf die vielen anderen Filter, welche eigentlich nur Schönheitsfehler, das heißt gröbere Trübungen des Wassers beseitigen, die unter Umständen so gefährlichen Bakterien also ungehindert passiren lassen. Absolut sicheren Schutz gegen diese Gefahr giebt aber eigentlich nur das Aufkochen des Wassers, und bei Auftreten von Epidemien wird es jedem Filter vorzuziehen sein. Bequem sind unter solchen Umständen Wasserkochapparate, in denen das gekochte Wasser gleich wieder abgekühlt wird; eine ganze Reihe von Firmen liefern dieselben, z. B. die Gasgesellschaft in Dessau, Grove, Siemens u. Komp., Schäffer u. Walcker in Berlin und noch mehrere andere.

Ist keine Wasserleitung im Ort, wird das Trink- und Wirthschaftswasser wohl meist aus Brunnen genommen werden müssen, und in diesem Falle thut der Miether gut, sich vor dem Abschluß des Miethsvertrages auch darum zu bekümmern, woher er sein Wasser bekommt. Zu weit entfernt darf natürlich zunächst die Entnahmequelle nicht sein, sie ist es aber thatsächlich häufig, wenn eben näher gelegene Brunnen schlechtes Wasser liefern; daher überzeuge man sich persönlich, wie es mit dem Wasser des zunächst gelegenen Brunnens bestellt ist. Oeffentliche Brunnen unterliegen ja vielfach einer gewissen obrigkeitlichen Kontrolle, d. h. sie werden geschlossen, wenn sie bedenkliches Wasser liefern, oder es wird eine Tafel daran aufgehängt mit der Aufschrift „kein Trinkwasser". Solches Wasser ist aber dann nicht allein zum Trinken, sondern ebenso zum Abwaschen der Eß- und Kochgeschirre sowie zur Körper-, namentlich zur Mundreinigung nicht zu gebrauchen, weshalb der Brunnen viel besser auch ganz geschlossen werden sollte. Aber bekanntlich geschieht das bei Brunnen in der Regel erst, wenn das Kind hineingefallen ist, d. h. in diesem Falle, wenn wirklich Infektionen durch Gebrauch des Wassers konstatirt worden sind. Also ein sicherer Verlaß ist auf öffentliche Brunnen auch nicht immer, bei Privatbrunnen allerdings noch weniger, und daher ist die oben empfohlene Vorsichtsmaßregel, sich um das Wasser vor dem Miethen zu bekümmern, nicht in den Wind zu schlagen. Nun ist es nicht ganz leicht, einem Wasser oder Brunnen ohne Weiteres auf den Grund zu kommen, aber Einiges wird man doch in der Richtung hin thun können. Man wird zunächst das Wasser auf Aussehen, Geschmack und Geruch zu prüfen haben, wird bei Nachbarn sich erkundigen, ob Qualität und Quantität des Wassers sich fortdauernd gleich bleiben, was auch, wenn es bejaht wird, zu Gunsten des Brunnens sprechen wird.

Man wird sich weiter die Konstruktion des Brunnens etwas ansehen. Sogenannte Röhrenbrunnen, bei denen das eiserne Pumpenrohr direkt in die Erde hineingeht, geben meist ein einwandsfreies Wasser, während Kessel- oder Schachtbrunnen, welche gemauert oder gezimmert sind, schon wesentlich bedenklicher zu sein pflegen. Hier können Unreinlichkeiten nicht allein durch Undichtigkeiten der Bedeckung des Kessels oder Schachtes hineingelangen, sondern auch seitlich durch die Brunnenwände, wenn solche undicht sind, und in der Nachbarschaft Quellen der Verunreinigung, wie Abort- und Dunggruben, Rinnsteine und dergleichen vorhanden sind. Es ist merkwürdig, wie oft gerade in dieser Beziehung gesündigt und den billigsten Anforderungen der Hygiene Hohn gesprochen wird. Alle diese Fehler wird nun natürlich ein Laie nicht immer ohne Weiteres als solche erkennen können, aber in vielen Fällen wird es ihm doch leicht gelingen, und dann wird es heißen müssen, entweder der Brunnen wird verbessert oder ganz verlegt, oder die Wohnung wird nicht gemiethet.

Hiermit wären wir wohl am Ende mit der Besprechung derjenigen Einzelheiten einer Wohnung, welche beim Besichtigen einer solchen vom hygienischen Standpunkte aus Berücksichtigung verdienen; es fehlt nur noch, auf einige Punkte einzugehen, welche nicht der ganzen Wohnung gemeinsam sind, sondern für die verschiedenen Räume derselben je nach ihrer Bestimmung speciell gefordert werden müssen.

Wohnzimmer.

Dieselben können hier mit wenig Worten erledigt werden, da specielle hygienische Anforderungen, die nicht schon berührt worden sind, kaum in Betracht kommen. Die leichte Zugängigkeit der Räume, auf die stets zu sehen ist, ist weniger eine hygienische Frage, wenn man nicht den allgemeinen Komfort auch dazu rechnen will. Zimmer, in welchen viel geistig gearbeitet werden soll, müssen natürlich besonders ruhig liegen, also möglichst fernab vom Geräusch der Straßen, der Treppen, der Küche und der Nachbarn, ebenso wird man sogenannte Durchgangszimmer nicht gerade zu Studirzimmern wählen dürfen.

Speisezimmer.

Auch hierüber ist wenig Besonderes zu sagen. Räume, welche von der Schmalseite ihr Licht bekommen, eignen sich im Allgemeinen besser dazu, da in diesem Fall das Licht parallel mit dem Eßtisch einfällt und bei größeren Familien oder bei Gesellschaften auf diese Weise die Mehrzahl der Speisenden gutes Licht vom Fenster her erhält, während an Eßtischen, die mit der Fensterseite gleich gerichtet stehen, die eine Hälfte der Speisenden in ihrem eigenen Schatten sitzt, die andere durch das Licht vom Fenster, das noch dazu auf dem weißen Tisch reflektirt wird, unangenehme Blendungserscheinungen empfindet. Daß ein Speisezimmer nicht zu weit ab von der Küche gelegen und von dieser nicht durch Wohn- oder gar Schlafzimmer getrennt sein soll, versteht sich wohl von selbst.

Schlafzimmer.

Die Schlafzimmer werden sehr häufig, namentlich im Gegensatz zu den Tagesräumen, recht stiefmütterlich behandelt, und dennoch sollte dieses nicht sein, bringen wir doch fast ein Drittel unseres Lebens in denselben zu. Der Hygieniker muß deshalb stets betonen, daß gerade diese Räume die gehörige Größe haben müssen, daß sie direkt mit Licht und Luft durch Fenster in Verbindung stehen sollen und daß also Alkoven und ähnliche Räume durchaus ungeeignet zu Schlafzimmern sind. Weiter wird auf besonders ruhige Lage der Zimmer zu sehen sein, damit die am Tage durch mannigfache Reize erschöpften Nerven der Städter auch wirklich die richtige Erholung in der Nacht haben, und endlich ist bei der inneren Einrichtung zu berücksichtigen, daß Schlafzimmer auch zuweilen Krankenzimmer werden können. Die Einrichtung sei also möglichst einfach und leicht zu reinigen, die Tapete nicht zu unruhig, das Licht der Fenster muß durch geeignete Vorhänge abzublenden sein.

Kinderzimmer.

An das Kinderzimmer sind zunächst dieselben Forderungen wie an die Schlafzimmer zu stellen, außerdem wird es zweckmäßig sein, dasselbe so auszuwählen, daß es leicht von den übrigen Räumen der Wohnung isolirt werden kann, wenigstens wenn mehrere Kinder zur Familie gehören. Treten dann Infektionskrankheiten auf, so wird es jedenfalls leichter möglich sein, diese auf eins oder wenige der Familienmitglieder zu beschränken, und außerdem wird man nach überstandener Krankheit nur das eine isolirte Krankenzimmer zu desinficiren haben, während sonst häufig die ganze Wohnung als verseucht erklärt und einer Desinfektion unterzogen werden muß. Aus demselben Grunde kann auch nur empfohlen werden, die Wandbekleidung der Kinderzimmer zum Abwaschen geeignet auszuwählen, soweit das dem Miether überhaupt freisteht. Schutzvorrichtungen gegen das Hinausfallen der Kinder aus dem Fenster wird man nur in den seltensten Fällen in der Wohnung vorfinden, und doch sind sie bei lebhaften Kindern und wenn die Brüstungen der Fenster niedrig sind, sehr angebracht. An den Fenstern der Kinderstube sollten sie daher eigentlich auch nicht fehlen; sie sind übrigens sehr billig und auch nachträglich noch leicht anzubringen*).

Fremdenzimmer.

Die Meinungen über die Nothwendigkeit oder Annehmlichkeit eines Fremdenzimmers gehen meist ziemlich weit auseinander; in einem Fall, der auch die Hygiene interessirt, wird man den Vortheil eines solchen Raumes kaum bestreiten können, das ist, wenn eine ansteckende Krankheit auftritt. Da wird ein Reservezimmer, sei es als Isolirzimmer, oder auch zum Unterbringen noch nicht erkrankter Familienmitglieder, namentlich wohl wieder Kinder, oft gute Dienste zu leisten vermögen.

Dienstbotenzimmer.

Es ist eine traurige und den meisten Miethern auch wohl hinlänglich bekannte Thatsache, daß in unseren neueren Miethswohnungen, und selbst die mit dem raffinirtesten Luxus ausgestatteten sind davon nicht ausgenommen, die Räume für das Dienstpersonal sehr stiefmütterlich bedacht werden und vielfach vollkommen unzureichend sind. Zwar in einzelnen Städten hat man diesen leider so allgemeinen Mißstand durch Vorschriften der Bauordnung aus dem Wege zu schaffen versucht, zu denen namentlich geforderte Minimalmaße und Minimalhöhen für Wohn- und Schlafräume zu rechnen sind. Es soll auch nicht geleugnet werden, daß dadurch nicht etwas erreicht worden ist, aber einmal haben bei Weitem nicht alle Städte solche Bauordnungen und zweitens können die darin enthaltenen Vorschriften auch indirekt umgangen werden, indem der Hauswirth einen Schlafraum als für eine Person bestimmt angiebt, der

---

*) Zu beziehen von Louis Littauer, Berlin, Landsbergerstr. 28, pro Fenster 5 Mark.

Miether aber den Raum nachher mit zweien belegt. Die hohe Polizei wird wohl nur in den seltensten Fällen diesem Mißbrauch auf die Spur kommen und ihm zu steuern suchen. Wer mehr an diesem Zustand Schuld ist, Hauswirth oder Miether, wird kaum zu entscheiden sein, der Miether ist jedenfalls auch nicht schuldfrei; denn wenn von den Miethern allgemein mehr Ansprüche in Betreff der Dienstbotenräume gestellt werden würden, würden ja auch zweifellos die Hauswirthe bald besser wie jetzt diesen Wünschen nachkommen. Dem sei nun, wie ihm wolle, ein vernünftiger und rechtlich denkender Miether wird beim Aussuchen einer Wohnung auch sicher einen prüfenden Blick auf die Schlafräume für die Leute werfen und lieber auf eine Wohnung, die ihm sonst gefällt, verzichten, wenn sein Dienstpersonal darin in kaum menschenwürdiger Weise untergebracht werden soll. Wieviel Raum ein erwachsener Mensch als Minimum zum Schlafen gebraucht, ist schon früher angegeben worden (Seite 49); daß ein solcher Schlafraum auch die richtige Höhe zum Aufrechtstehen und ferner direkte Verbindung mit der Außenluft haben soll, versteht sich eigentlich auch von selbst. Der größte Feind der Hygiene ist die Unsauberkeit, diese wird aber meist befördert durch Dunkelheit, und dieser eine Gesichtspunkt schon sollte dazu führen, die Dienstbotenstuben möglichst bis in die tiefsten Ecken hin hell zu machen, es wird sich das in vielen Fällen durch eine größere Reinlichkeit und Ordnungsliebe bei den Dienstboten belohnen. Oft liegt der Schlafraum für die Mädchen direkt neben der Küche und ist mit ihr durch eine Thür verbunden; ob diese Lage ein besonderer Vorzug ist, wird Manchem zweifelhaft erscheinen. Allerdings wird dadurch oft ein besonderer Ofen im Mädchenzimmer unnöthig, da letzteres durch den Küchenherd mit geheizt wird, andererseits wird aber auch im Sommer dasselbe leicht übermäßig stark erwärmt werden und kann zumal, wenn der Küchenschornstein außerdem noch in der Trennungswand zwischen Küche und Mädchenzimmer liegt, im Hochsommer direkt das Zimmer unbewohnbar machen. Man wird überhaupt gut thun, sich unter allen Umständen über die Lage der Küchenschornsteine des Hauses vor dem Miethen zu orientiren.

Das, was eben über das Verhältniß derselben zu den Mädchenstuben gesagt worden ist, gilt natürlich auch für andere Räume, und eine Speisekammer kann z. B. vollkommen unbrauchbar sein, wenn sie dauernd durch die Wärme der Schornsteine auf einer höheren Temperatur gehalten wird.

Küche.

Wir müssen nunmehr noch die Wirthschafts- und sonstigen Nebenräume der Wohnung berühren und wollen bei dem wichtigsten derselben, der Küche den Anfang machen. Woher kommt es, daß man in so vielen Wohnungen um die Mittagsstunde herum schon beim Betreten der Wohnung genau Bescheid weiß, was in der Küche gekocht worden ist? Sicher doch nur, weil die Küche hygienisch nicht richtig gelegen oder eingerichtet ist; denn absichtlich wird man wohl kaum je die Verbreitung der Küchendünste in der Wohnung herbeizuführen suchen. Um dies aber zu vermeiden, ist vor allem nöthig, daß für anderweitige Abführung der Dünste und namentlich des sogenannten Wrasens gesorgt wird. Ein Oeffnen des Fensters oder einer Lüftungsscheibe nach außen ist meist vollkommen wirkungslos, pflegt vielmehr erst recht die Luft der Küche weiter in die Wohnung hineinzutreiben, besonders im Winter, wenn diese geheizt ist. Das einzig Richtige ist ein Ventilationskanal, oben an der Decke über dem Herde beginnend, und jeder Miether sollte beim Besichtigen einer Küche nicht versäumen, seinen Blick auf diese Stelle der Wand zu richten, um sich von dem Vorhandensein des Kanals zu überzeugen.

Zwar immer sichert ein solcher Kanal auch nicht vor dem angeführten Mißstande, wenn er nämlich zu eng ist oder nicht zieht; das letztere kommt im Winter vor, wenn der Kanal nicht genügend warm in der Mauer wird. Dem Miether wird ein solcher Uebelstand natürlich erst nach dem Beziehen der Wohnung klar werden, es mag aber hier bemerkt werden, daß in solchem Falle das Anbringen einer kleinen Flamme in der Oeffnung des Kanales oft von Nutzen und wenn Gasleitung in der

Küche vorhanden, ja auch nicht schwer hinterher noch zu bewerkstelligen ist.

Eine hygienisch schwache Stelle der Küche ist dann ferner oft der Ausguß oder Küchenstein. In regelrecht kanalisirten Städten ist zwar meistens dafür gesorgt, daß üble Gerüche durch denselben nicht von den Kanälen her in die Küche und die Wohnung gelangen können, aber nicht selten findet man in solchen Fällen den Fußboden unter dem Ausguß verfault oder gar schwammig erkrankt und ganz besonders leicht kommt dies vor, wenn das Ausgußbecken des besseren Aussehens wegen unten mit einem Holzmantel umgeben ist; das sollte eigentlich nie geschehen oder jedenfalls sollte die Verkleidung leicht abzunehmen sein, damit man sich stets davon überzeugen kann, ob dort alles in Ordnung ist. Häufig genug macht zuerst der Unterwohner darauf aufmerksam, daß das Wasser bei ihm durch die Decke kommt und dann können sich schon recht große Fäulnißherde gebildet haben, die nur durch dementsprechende Reparaturen wieder zu beseitigen sind. Weit ärgere Uebelstände können sich einstellen, wenn der Ort noch nicht kanalisirt ist. In der Regel fehlen dann an den Ausgüssen die sogenannten Wasserverschlüsse, knieförmige Biegungen des Ausgußrohres, in denen immer etwas Wasser stehen bleibt und den Gasen aus dem unteren Theile des Rohres verbietet, nach oben zu strömen. Ist hierfür keine Sorge getragen, so kann die Küche, ja sogar die ganze Wohnung fortdauernd mit entsetzlichen Gerüchen angefüllt sein.

Der Miether wird also in solchen Fällen sich nach dem weiteren Verbleib der Abwässer und nach dem Vorhandensein eines Wasserverschlusses umzusehen haben und falls dort etwas nicht in Ordnung ist, vor dem Abschluß des Kontraktes darauf dringen müssen, daß Abhülfe geschaffen wird. Es sind dergleichen Mißstände garnicht selten in sehr einfacher Weise und mit geringen Kosten aus der Welt zu schaffen, es wird aber unterlassen, weil kein Mensch im Hause das richtige Verständniß dafür hat.

Einen wesentlichen Bestandtheil jeder Küche bildet natürlich der Herb und der Zustand desselben interessirt auch den Hygieniker; denn zur Gesundheit gehört die richtige Ernährung des Menschen und diese hängt wiederum innig mit der Speisenbereitung, also auch mit dem Kochherde zusammen. Man überzeuge sich also, ob der Herd in Ordnung ist, ob Herdplatte und Thüren ganz, der Anschluß an den Schornstein tadellos, und ob seine Größe auch den an ihn zu stellenden Ansprüchen entspricht. In größeren Städten wird jetzt vielfach mit Gas gekocht und das ist gewiß auch zu billigen, da es reinlich und bequem ist; im Norden Deutschlands darf aber daneben ein gewöhnlicher Herd oder ein Ofen nicht fehlen, da im strengen Winter das Gas allein zur Erwärmung der Küche nicht ausreicht.

Mit der Küche eng verbunden ist die Speisekammer; sie muß hell, luftig und kühl sein, wenn die Speisen darin nicht schnell verderben sollen. Sie liegt daher auch am zweckmäßigsten nach Norden hinaus oder es müssen am Fenster Vorkehrungen gegen Ueberhitzung durch die Sonne angebracht werden. Sehr zweckmäßig sind mit feiner Gaze bespannte Holzrahmen, welche in das Fenster der Speisekammer eingesetzt werden und eine fortdauernde Ventilation des Raumes ermöglichen. Bei der Besichtigung der Speisekammer wird auch der zukünftige Platz für den Eisschrank in Erwägung gezogen werden. In Häusern mit Kanalisationseinrichtung findet man zuweilen in dem Fußboden der Speisekammer ein dünnes Rohr eingelassen, welches zum Abführen des Schmelzwassers des Eisschrankes dienen soll; dieses Rohr muß natürlich mit dem Eisschrank luftdicht verbunden werden, wenn es seinen Zweck erfüllen soll, im anderen Falle stellt es eine sehr unerwünschte Verbindung zwischen Kanalsystem und Speisekammer vor, und mir ist ein Fall bekannt, wo dasselbe beim Beziehen einer Wohnung vergessen und mit einem gewöhnlichen Schrank überstellt wurde, was zu argem Mißstande und lange vergeblichem Suchen nach der Ursache desselben führte. Dasselbe kann übrigens auch eintreten, wenn der Eisschrank regelrecht angeschlossen, aber einmal längere Zeit nicht gebraucht wird, weil der Wasserverschluß dann bald verdunstet, und es ist deshalb überhaupt wohl zweckmäßiger, auf den Anschluß an die Kanalisation in diesem Fall zu verzichten und das Rohr durch einen Klempner in Höhe des Fußbodens sorgfältig verschließen zu lassen, damit solche Uebelstände nicht eintreten.

Badestube.

Die Vortheile, ein Bad im Hause nehmen zu können, werden glücklicherweise immer mehr anerkannt und so finden sich heutzutage selbst in mittelgroßen Wohnungen nicht selten eigene Baderäume. Die Badestube muß, wenn sie ihrem Zweck wirklich voll genügen soll, bequem von den Schlafzimmern aus zu erreichen sein, sie sollte ferner, das wird allerdings häufig ein frommer Wunsch bleiben, hell durch direktes Tageslicht beleuchtet werden. Ist dies nicht der Fall, so müssen wenigstens Einrichtungen zur Abführung der Wasserdämpfe vorhanden sein. Man überzeuge sich also, ebenso wie in der Küche, ob oben an der Decke irgendwo die Oeffnung eines Abzugskanals zu sehen ist. In der Badestube ist es naturgemäß häufig sehr feucht, und das ist auch der Grund, warum hier so leicht der Hausschwamm zu finden ist. Die gefährdetsten Stellen liegen unter und hinter der Badewanne, man fahre also mit der Spitze des Stockes oder Schirmes an diesen Stellen entlang und suche zu ergründen, ob das Holz hier auch noch überall fest und hart ist und nirgends nachgiebt.

In der Badestube interessiren uns weiter noch die Badewanne und der Badeofen. Erstere wird meistens in kanalisirten Städten an das Abfallröhrensystem fest angeschlossen sein und man hat sich dann nur davon zu überzeugen, ob die vorgeschriebenen Wasserverschlüsse auch richtig vorhanden sind. Liegen dieselben so im Fußboden, daß sie nicht zu sehen sind, dann muß man mit der Nase sondiren, ob nicht etwa ein übler Geruch aus dem Ablauf und Ueberlauf der Wanne emporsteigt. Vielfach kann man sich auch durch einen Blick an die Decke von dem Vorhandensein der Wasserverschlüsse überzeugen; hier wird man nicht selten den Verschluß für die darüber liegende Etage erblicken und daraus wohl den Rückschluß machen können, daß in dieser Beziehung das Haus in Ordnung ist.

Der Badeofen steht meist in der Badestube selbst. Es hat das den Nachtheil, daß im Sommer die letztere beim Baden häufig zu warm wird, sehr viel angenehmer ist es, wenn das Badewasser in der Küche erwärmt und von dort dem Baderaum durch eine Röhrenleitung zugeführt wird, es muß dann jedoch für den Winter auch ein besonderer kleiner Ofen im Badezimmer vorhanden sein. Badeöfen, welche im Baderaum selbst aufgestellt sind, müssen unter allen Umständen durch ein genügend weites Rohr mit dem Schornstein verbunden sein; es kann im anderen Falle leicht zu einer sogar das Leben des Badenden gefährdenden Kohlensäureanhäufung im Baderaum kommen.

Kloset.

Auch dieser Raum darf hier nicht unbesprochen bleiben, da von ihm mehr, wie wohl Mancher denkt, für die Gesundheit der Hausbewohner abhängt. Zunächst muß derselbe bequem und ungenirt **erreichbar liegen**. Beides ist oft nicht der Fall. In kleineren Städten kommt es garnicht selten vor, daß das Abortgebäude getrennt von dem eigentlichen Wohnhaus auf dem Hofe liegt. Das ist bei schlechtem Wetter, in der Nacht und namentlich für schwächliche Personen wenig angenehm und oft sogar direkt Schaden bringend. Zuweilen kann man in solchen Fällen auf dem Boden des Hauses einen kleinen Abschlag einrichten und dort ein Torfstreuklofet aufstellen, welches bei guter Wartung vollkommen geruchlos ist. In größeren Städten pflegt das Kloset stets mit der Wohnung eng verbunden zu liegen; hier fehlt dann wieder oft das, was bei einem Hofabort meist reichlich vorhanden ist, nämlich Luft und Licht. Vielfach ist allerdings in den Städten polizeilich vorgeschrieben, daß alle Aborte ein ins Freie gehendes Fenster haben müssen; dann ist in neueren Gebäuden auch in dieser Beziehung vorgesorgt, aber das ist leider noch durchaus nicht überall der Fall, und nur zu oft findet man Räume, für welche der Ausdruck Höhle fast noch zu gut ist. Das ist ein schwerwiegender sanitärer Uebelstand, der nicht allein zur Verpestung der Wohnung, sondern auch zur Erkrankung der Miether führen kann. Gar manche chronische Verstopfung mit allen ihren oft recht bedenklichen Folgeerscheinungen hat ihren ersten Grund in dem Abort, der nur mit Widerwillen und Unbehagen aufgesucht wird. Also hell und lustig soll es in dem Raume sein, und um letzteres zu erreichen, genügt eigentlich nicht nur ein Fenster, das man öffnen kann, um frische Luft hereinzulassen, sondern es müßte auch, wie in der Küche ein Abzug für die verbrauchte Luft vorhanden sein; aber das ist ein Wunsch der Hygieniker, der wohl nur in den seltensten Fällen heutzutage erfüllt wird. Namentlich bei Gruben- oder Tonnenabtritten kommt es nur zu häufig vor, daß fortdauernd große Mengen verpesteter Luft aus dem Abortraume in die Wohnung eindringen. In vielen Fällen läßt sich das nachträglich noch mit geringer Mühe abstellen oder wenigstens verbessern, wenn man sich nur ordentlich dahinter macht, die Ursache des Uebels aufzudecken, oder falls man das selbst nicht thun will, einen Sachverständigen damit betraut, aber rationeller ist es gewiß, sich vor dem Einziehen um die ganze Einrichtung zu bekümmern und Nase und Augen gut aufzumachen bei der Besichtigung dieses nicht zum Wenigsten wichtigen Theiles der Wohnung. Daß ein Kloset übrigens auch heizbar sein und eine Waschtoilette enthalten sollte, möchte ich als frommen Wunsch nur beiläufig erwähnen; in England und Amerika ist eine solche Forderung seitens des Miethers ebenso selbstverständlich, wie sie bei uns ungewöhnlich sein würde.

Korridor.

Der Korridor vermittelt den ungehinderten Zugang zu den einzelnen Räumen der Wohnung, er ist deshalb ein vielbegangener Raum und sollte schon aus diesem Grunde möglichst hell sein. Leider ist meist grade das Gegentheil der Fall und ein regelrecht durch Tageslicht erhellter Korridor gehört bei dem modernen

Miethshaus jedenfalls eher zu den Ausnahmen als zur Regel. So pflegt denn auch der Miether meist seine Ansprüche in diesem Punkt etwas herunterzuschrauben, wenn er sonst mit der Wohnung zufrieden ist, zumal bei der Besichtigung einer leerstehenden Wohnung der Korridor sich ganz anders zu präsentiren pflegt, als wenn nachher die Thüren sämmtlich geschlossen sind. Es ist schon vorher darauf aufmerksam gemacht worden, daß man in solchem Falle die Thüren schließen und außerdem einen tüchtigen Abzug an Helligkeit machen muß, wenn man nicht hinterher arg enttäuscht werden will. Daß man bei den gewöhnlich sehr beschränkten Wirthschaftsräumen der Wohnung darauf angewiesen ist, den Korridor zum Unterbringen von Schränken und dergleichen zu benutzen, ist auch zu berücksichtigen, obgleich es eigentlich die Hygiene nicht direkt angeht. In solchem Falle muß vor Allem die nöthige **Wandfläche und Korridorbreite** vorhanden sein. Sehr angenehm ist es, namentlich für kinderreiche Familien, wenn der Korridor auch **geheizt** werden kann, thatsächlich wird man allerdings, wenn nicht grade Centralheizung im Hause vorhanden ist, wohl kaum je eine Einrichtung dazu vorfinden. Da der Korridor aber meist gegen Abkühlung nach außen geschützt liegt, läßt sich oft noch Rath schaffen durch Aufstellen eines kleinen Ofens, es muß aber dafür ein Rauchrohr vorhanden sein und die Erlaubniß des Wirthes, einen solchen Ofen aufstellen zu dürfen. Nach Beidem wird man sich also vor dem Einziehen zu erkundigen haben.

Balkon.

Der sanitäre Vortheil, den ein Balkon einer Wohnung verleiht, kann unter Umständen ein beträchtlicher sein. Besonders im Innern großer Städte wird es der Miether freudig begrüßen, wenn ihm durch einen Balkon bequeme Gelegenheit geboten wird, bei schönem Wetter ohne Mühe und Zeitverlust die frische Luft ausgiebiger zu benutzen, als dies im Zimmer auch bei geöffneten Fenstern möglich ist. Liegt derselbe nach einer belebten und mit nicht geräuschlosem Pflaster versehenen Straße hinaus, wird der Genuß, welchen man von dem Verweilen auf dem Balkon erhofft, allerdings vielleicht höchstens in den späten Abendstunden einmal zur Wirklichkeit werden. Man verspreche sich also unter solchen Umständen nicht zu viel davon. Ein Balkon muß ferner auch gegen die Wetterseite hin geschützt sein; hier läßt sich oft auch später noch das Versäumte nachholen durch Verglasen, Aufstellen von Schirmen und Schutzwänden oder einer dichten Epheuhecke. Der Werth eines Balkons steigt dann weiter erheblich mit seiner Größe und wenn ein solcher mehrere Meter breit und lang ist, die eben erwähnten Nachtheile nicht besitzt, und z. B. nach einem stillen Garten hinausliegt, kann derselbe von unschätzbarem Werthe sein und vermag sogar die wohl von keinem Städter bezweifelten Vortheile eines kleinen Gärtchens ganz gut dem Miether zu bieten. Aber selbst ein Balkon, der zum Sitzen weniger geeignet erscheint und zu benutzen ist, wird zuweilen doch noch vortheilhaft zu anderen Zwecken gebraucht werden können, vor Allem zum Reinigen von Kleidern und Möbeln, zum Sonnen der Betten und dergleichen, wofür leider bisher, wie sogleich weiter zu erörtern sein wird, in unseren modernen Miethskasernen so wenig rationell Sorge getroffen ist. Man wird es also wohl stets als einen Vorzug einer Wohnung bezeichnen dürfen, wenn dieselbe einen oder mehrere Balkons hat.

Keller und Boden.

Beides sind Räume, welche in der Regel nicht zum längeren Aufenthalt von Menschen dienen, doch aber das Interesse des Hygienikers verdienen. Im Keller vor Allem werden ja in der Regel auch Nahrungsmittel der verschiedensten Art aufbewahrt werden sollen, das kann aber ohne Nachtheil nur geschehen, wenn der Keller nicht zu dunkel und zu feucht ist. Auch kann sich die Feuchtigkeit des Kellers leicht auf das darüberliegende Erdgeschoß fortpflanzen. Es ist daher den Miethern, namentlich, wenn es sich um Parterrewohnungen handelt, nur anzurathen, sich persönlich von der Trockenheit des Kellers zu überzeugen.

Zeigen sich dort nasse Flecke an den Wänden oder Schimmelwucherungen oder steht vielleicht gar Grundwasser auf dem Erdboden, so kann man mit Sicherheit darauf rechnen, daß Kartoffeln und ähnliche Nahrungsmittel daselbst nicht lange aufzubewahren sind, ohne zu verderben.

Der Bodenraum ist naturgemäß dem Eindringen der Feuchtigkeit weniger ausgesetzt wie der Keller, wenn das Dach nicht irgendwo schadhaft ist. Nahrungsmittel werden ja auch auf dem Boden der starken Temperaturschwankungen wegen, die dort herrschen, kaum länger aufbewahrt, wohl aber andere Sachen, die durch Nässe leiden, und ein leckendes Dach kann viel Schaden anrichten. Meist wird der Hauswirth wohl selbst dafür Sorge tragen, daß solche Leckstellen bald reparirt werden, denn das ganze Haus kann dadurch gefährdet werden, aber vier Augen sehen mehr wie zwei und so achte auch der Miether darauf, ob das Dach auf seinem Bodenraume auch überall dicht ist.

Waschküche.

In den meisten Wohnhäusern pflegt ein Raum vorhanden zu sein, welcher den Miethern abwechselnd zur Verfügung gestellt wird, um darin die Wäsche zu reinigen. Nicht selten ist diese Waschküche in einem vom Wohnhause isolirten Gebäude untergebracht, wodurch dann kaum eine Störung durch den Wäschereibetrieb im Wohnhause selbst erfolgen kann. Liegt die Waschküche dagegen im Haupthause selbst, so giebt sie oft umgekehrt Anlaß zu mancherlei Klagen der Einwohner. Dies ist vornehmlich der Fall, wenn die Küche im Keller liegt und keine besondere Entlüftung besitzt. Einem Jeden werden die ganz specifischen Gerüche einer Waschküche bekannt sein und es ist höchst unangenehm, wenn jedesmal beim Gebrauch der Waschküche sich diese Gerüche im ganzen Hause verbreiten, so daß man schon beim Oeffnen der Hausthür merkt, daß gewaschen wird. Man lasse sich also die Waschküche zeigen und forsche ebenso wie in der Kochküche nach der an der Decke angebrachten Ventilationsöffnung, die allerdings auch hier nicht unter allen Umständen Gewähr leistet, daß nunmehr alle Dämpfe durch sie unbemerkt abgeleitet werden, aber in jedem Falle doch das Uebel wesentlich zu verringern vermag. Ungleich besser liegt eine Waschküche auf dem Boden des Hauses; denn hier ist die Gefahr der Ausbreitung des Wrasens eigentlich ausgeschlossen, und wenn der Fußboden noch außerdem massiv konstruirt ist und die Waschkammer nicht gerade über einem Schlaf- oder Wohnzimmer liegt, werden auch die direkt darunter wohnenden Miether kaum eine Störung bei einer Wäsche empfinden können. Weiter hat die Lage auf dem Boden den Vortheil, daß der Weg von der Waschküche zum Trockenboden ein wesentlich kürzerer und bequemerer ist, was unseren Hausfrauen in jedem Falle sehr angenehm sein wird.

Treppe.

Wenngleich die Haustreppe nicht eigentlich zur Wohnung gehört, mag sie doch hier kurz besprochen werden, da ihre mehr oder weniger richtige Konstruktion den Hausbewohnern nicht gleichgiltig sein wird. Wo zwei oder mehr Treppen vorhanden sind, ist das in mehrfacher Richtung als ein Vorzug zu betrachten, vor Allem, weil dann die Haupttreppe ruhiger und reiner zu sein pflegt. Sind alte und kränkliche Personen in der Familie, sollte beim Miethen auf die Treppe ein besonderes Augenmerk gerichtet werden; denn eine unbequeme Treppe kann unter solchen Umständen die Ursache werden, daß diese Personen dann nur selten oder auch garnicht an die ihnen meist so nöthige frische Außenluft kommen. Ebenso macht der Transport eines Kinderwagens über eine unbequeme Treppe meist große Schwierigkeiten, die schon lange erkannt worden sind und zu mancherlei Erfindungen geführt haben, wie z. B. Haken zum Uebertragen der Last der Wagen auf das Treppengeländer oder zusammenklappbare Wagen, doch hat sich beides nach meiner Erfahrung nicht so besonders in der Praxis bewährt. Eine bequeme Treppe muß in kürzeren Abständen Podeste haben, auf welchen man sich ausruhen kann. Von großer Wichtigkeit ist die Stufenhöhe und Breite, erstere sollte höchstens 16 cm, letztere mindestens 18 cm betragen, auch soll an beiden Seiten der Treppe ein bequemes Geländer vorhanden sein, dessen Benutzung beim Hinabsteigen größere Sicherheit, beim Hinaufsteigen Erleichterung gewährt. Daß eine Treppe möglichst hell und durch direktes Tageslicht beleuchtet sein muß, darf wohl als selbstverständlich angenommen werden, und doch sehen wir gerade diesen Punkt in unseren modernen Häusern oft so wenig berücksichtigt, trotzdem zahlreiche Unfälle, wie sie auf schlecht beleuchteten Treppen fast täglich vorkommen, unsere Hausbesitzer doch mahnen müßten, dieser Forderung besser nachzukommen. Unter gewissen Umständen kann eine Treppe noch plötzlich besondere Wichtigkeit bekommen, nämlich bei Ausbruch eines Feuers. Hieran wird nun allerdings der Miether beim Besichtigen einer Wohnung kaum denken, wer aber einmal in einem größeren Miethshause ein Feuer miterlebt und das Hinabstürzen der Hausbewohner über den einzigen Rettungsweg angesehen hat, wird mir gewiß beipflichten, wenn ich jedem Miether rathe, selbst in einer Stadt, wo die Feuerwehr auf das Vorzüglichste organisirt ist, sich für den Fall eines Brandes einen bestimmten Rückzugs- und Rettungsplan zu entwerfen, in welchem die Treppe naturgemäß eine Hauptrolle zu spielen haben wird. Eine Wohnung mit zwei Ausgängen ist natürlich in dieser Beziehung viel sicherer, als wenn nur eine Treppe vorhanden ist; denn selbst wenn letztere, wie meist polizeilich vorgeschrieben, feuersicher konstruirt ist, kann sie schon sehr bald durch Verqualmung vollkommen unpassirbar werden; dann kann meist nur die Feuerwehr oder eine Flucht über das Dach, wenn solche möglich ist, helfen, wenn man nicht besondere Rettungsgeräthe in der Wohnung vorräthig hält, was in Amerika nicht selten, bei uns aber wohl nur in wenigen Ausnahmefällen geschieht.

Auf jeden Fall erkundige man sich nach dem Beziehen einer neuen Wohnung, wo sich der nächste Feuermelder befindet, wenn solche überhaupt in dem Ort vorhanden sind, und instruire demgemäß auch das Dienstpersonal, um bei ausbrechendem Feuer selbst in der Wohnung bleiben und die geeigneten Löschversuche machen zu können.

Verschiedenes.

Es sind nunmehr zu guter Letzt noch einige Punkte zu erwähnen, die weniger zur Wohnungshygiene als zur Hygiene des Wohnens gehören, die aber nicht minder wie schlechte Einrichtungen der Wohnung dem Miether nach dem Beziehen derselben viel Aerger und Unannehmlichkeit bereiten können.

In jedem Miethshause pflegt eine gewisse Hausordnung zu bestehen, die zum Theil wohl durch den Miethskontrakt geregelt ist, zum Theil aber auch nur nach der am Ort bestehenden Sitte, nach mündlicher Verabredung mit dem Vermiether oder vielfach auch der einfach diktirten Vorschrift des letzteren gehandhabt wird. Der erste Fall ist der günstigste; denn seinen Miethskontrakt wird wohl ein Jeder vor dem Unterschreiben einmal genau durchlesen und etwa darin enthaltene unbequeme Paragraphen nach Möglichkeit daraus zu streichen suchen. In den anderen Fällen ist dies jedenfalls sehr viel schwerer, zumal, wenn man Reklamationen in der Richtung erst nach dem Einziehen zur Sprache bringt. Vorher gelingt das oft schon leichter, und aus dem Grunde möge die Hausordnung, soweit sie hygienische Dinge betrifft, noch kurz berührt werden.

Die Reinigung und künstliche Beleuchtung der Treppen, die Beseitigung der Müll- und Aschenreste, die Entleerung der Gruben oder Tonnen in Städten, welche keine Schwemmkanalisation besitzen, darf wohl hierzu gerechnet werden. Ferner kommt in Betracht die Erlaubniß zur Benutzung der Waschküche und des Trockenbodens, sowie die unbeschränkte und fortdauernde Entnahme von Wasser aus der Leitung oder dem Brunnen auf dem Hofe. Vielen wird das Verbot des Hausirens, Bettelns und Musicirens im Hause besonders wünschenswerth erscheinen. Endlich sollte man nicht vergessen festzusetzen, wann und wo im Hause Möbel und Kleider gereinigt und besonders geklopft werden dürfen.

In der Regel geschieht das Klopfen und Reinigen der Teppiche und auch wohl der Möbel auf dem Hofe, das ist jedenfalls besser, als wenn dazu das Treppenhaus gewählt wird. Aber auch der Hof kann als ein geeigneter Platz dafür nicht bezeichnet werden; denn die einfache Ueberlegung muß uns sagen, daß der beim Reinigen entwickelte Staub im Sommer wenigstens doch zum größten Theil durch die nach dem Hof gelegenen geöffneten Fenster wieder in die Wohnung zurückgelangt. Und dieser Staub kann unter Umständen doch recht gefährliche Beimengungen enthalten. Weit besser wäre es jedenfalls, wenn das Dach des Hauses als Reinigungsplatz wenigstens für die Bewohner der oberen Stockwerke eingerichtet würde, was bei den heutzutage so weit verbreiteten horizontalen und begehbaren Dächern vielfach ohne Schwierigkeit möglich zu machen wäre.

Am besten ist es natürlich, wenn die Reinigung der Möbel überhaupt nicht in der Umgebung des Hauses geschieht; in großen Städten finden sich ja auch jetzt schon vielfach musterhafte Reinigungsinstitute für diesen Zweck, aber in kleineren wird man wohl noch lange darauf warten müssen.

Wir sind am Ende mit unseren Rathschlägen. Wie schon in dem Vorwort erwähnt ist, wird es wohl kaum je ein Miethshaus bei uns geben, das allen Forderungen der Hygiene, wie sie hier aufgestellt worden sind, gerecht wird, aber wenn der Miether die ertheilten Rathschläge befolgt, wird es ihm hoffentlich gelingen, größere Fehler einer Wohnung vor dem Miethen derselben zu entdecken und er wird vor unangenehmen Ueberraschungen bewahrt bleiben, die ihn zum baldigen erneuten Wohnungswechsel zwingen würden.

MIX
Papier aus verantwortungsvollen Quellen
Paper from responsible sources
FSC® C105338

If you have any concerns about our products,
you can contact us on
ProductSafety@springernature.com

In case Publisher is established outside the EU,
the EU authorized representative is:
**Springer Nature Customer Service Center GmbH
Europaplatz 3, 69115 Heidelberg, Germany**

Printed by Libri Plureos GmbH
in Hamburg, Germany